사진으로 쉽게 알아보는
우리집 텃밭 도감

사진으로 쉽게 알아보는 **우리집 텃밭 도감**

초판 1쇄 인쇄   2020년 7월 5일
초판 1쇄 발행   2020년 7월 10일

펴낸이   윤정섭
엮은이   자연과 함께하는 사람들
편낸곳   도서출판 윤미디어
주소   서울시 중랑구 중랑역로 224(묵동)
전화   02)972-1474
팩스   02)979-7605
등록번호   제5-383호(1993. 9. 21)
전자우편   yunmedia93@naver.com

ISBN 978-89-6409-091-6(13480)
ⓒ 자연과 함께하는 사람들

사진으로 쉽게 알아보는

우리집 텃밭 도감

엮은이_ 자연과 함께하는 사람들

♣The Vegetable Garden of House — 우리집과 텃밭에 숨쉬고 있는 보물

도서
출판 **윤미디어**
YUN MEDIA PUBLISHING.CO.

머리말

환경은 날로 오염되어가고, 재래시장이나 대형마트에서 사먹는 채소도 과연 농약을 쓰지 않는 안전한 걸까, 하는 의심이 드는 것이 지금 우리가 처한 현실이다.

나이가 먹을수록 시골 외갓집에라도 가면 할머니께서 집 근처 텃밭에서 호박 하나 따오고, 파뿌리 하나 뽑아 와서 끓여 주시던 된장국이 그립다. 나도 그런 농사를 지으며 살고 싶다.

그런데 '농사를 짓고 싶다'라고 하면 어디 멀리 시골까지 가야 할 것 같다.

하지만 도심 속 집 근처 자투리땅을 이용하는 방법이 있다.

내 집 옥상에서, 아파트 베란다에서, 내가 사는 도시 근교 친구네 집에서 내가 직접 채소를 키워 먹는 방법이 여기 있다.

채소 키우는 재미에 건강까지 챙기는 도시 텃밭, 그 매력을 이 책에 소개한다.

우리 식구들 먹을거리를 책임지는 텃밭이 있다면 우리 집 식탁은 언제나 향도 좋고 맛도 좋고, 건강에도 좋은 갓 딴 채소로 풍성해질 것이다.

하지만 도심에서 텃밭을 구하기가 쉽지만은 않다.

그렇다면 집 안에서 텃밭 공간을 찾으면 된다.

집안의 자투리 공간인 베란다를 텃밭으로 바꾸는 것이다.

일반적으로 베란다는 집 안에서 햇볕과 바람이 가장 잘 드는 곳으로 채소 키우기엔 안성맞춤인 공간이다. 웬만한 식재료는 이곳에서 해결할 수 있다.

도시에 살더라도 도심 텃밭, 베란다 텃밭 농사는 누구나 시작할 수 있다.

이 책에서는, 주렁주렁 팔뚝만한 고구마를 내가 직접 키우고 캐서 먹어 보는 감동, 알싸한 고추와 파를 내가 직접 따고 캐서 끓여 먹는 된장찌개의 맛, 무더운 날, 식구끼리 오순도순 둘러앉아 먹는 상추쌈의 여유로움을 선사한다.

엮은이 자연과 함께하는 사람들

우리집 텃밭

우리집
텃밭채소

상추 Lettuce

Lactuca sativa L.

❶ 원산지_유럽, 북부아프리카 등

❷ 분류_엽채류

❸ 생태_2년초

❹ 전초외양_직립형

❺ 전초높이_약 1m

❻ 영양분_비타민, 미네랄, 철분 등

상추는 재배 역사가 매우 오래 되어, 기원전 고대 이집트 피라미드 벽화에
작물로 기록되어 있기도 하다. 중국에는 당나라 때인 713년의 문헌에 처음
등장하고, 한국에는 연대가 확실하지 않으나 중국을 거쳐 전래되었다.

재배되는 상추는 품종이 많이 분화되어, 크게 결구상추, 잎상추, 배추상추,
줄기상추의 4가지 변종으로 나뉜다. 한국에서는 주로 잎상추를 심으나, 최근
에는 결구상추도 많이 심고 있다.

상추는 비타민과 무기질이
풍부하며, 줄기에서 나오
는 우윳빛 즙액에 락투세린
(Lactucerin)과 락투신(Lactucin)
이 들어 있는데, 이것이 진
통과 최면 효과가 있어 상
추를 많이 먹으면 잠이 온
다. 생육 기간이 짧아 재배
가 쉽다.

상추는 품종이 많다. 결구상추, 잎상추, 배추상추, 줄기상추 등이다. 어느 종류나 잎은 녹색이며 부드럽고, 약간 쓴 맛과 특유의 단맛을 갖고 있다. 특히 비타민 C, 철분을 충분히 함유하며, 비타민 A도 있다.

상추는 식욕 증진, 위체를 없애며, 용변을 돕고, 시력을 좋게 하고 모유를 증가시킨다. 많이 먹으면 잠이 오는데, 이 성분은 락튜칼리륨이다. 불면증, 신경과민, 숙취, 황달, 빈혈, 정혈제 등에 효과가 있다. 상추의 쓴맛은 라튜코피크린이란 화합물 때문이다. 육류 등 산성식품과 함께 먹으면 영양적으로 효과적이다.

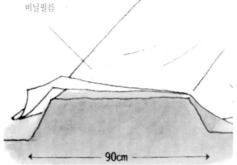

비닐필름

90cm

재배법

1. 복토覆土

겨울이 되기 전에 밭을 갈아서 흙을 얼게 한다. 2월이 되어 따뜻해지기 시작하면 밭에 1m²당 고토석회 150g, 용린 100g을 뿌려서 잘 갈아둔다.

2. 밑거름 및 이랑 만들기

심기 1주 전에 1m²당 화학비료 70g, 완숙된 퇴비 2kg을 뿌려서 잘 갈아 섞어서 넓고 평평한 이랑을 만든다.

3. 씨뿌리기

덮은 비닐필름에 간격 25cm, 직경 5cm의 구멍을 뚫는다. 씨를 한 군데에 7~8개쯤 넣고 두께 0.5~1cm로 흙을 덮어 주고 그 위에 부식토와 모래를 섞은 것을 5mm 정도 덮어 준다.

4. 싹틔우기 및 솎아주기

싹이 트면 늦게 자라는 묘를 뽑아 준다. 이파리가 7~8장이 되면 때때로 솎아 주어서 한 군데에 한 포기만 남기고, 포기와 포기 사이 간격은 5~7cm가 되도록 한다. 솎은 뒤에는 흙을 약간 모아 주어 뿌리가 흔들리지 않게 해준다.

5. 수확

결구의 윗부분이 딱딱해지면 수확한다. 너무 늦으면 잎이 굳어지고 신맛이 난다. 상처 입은 잎은 버리고, 포기를 칼로 자른다. 수확이 너무 늦어지면 쓴맛이 강해지고, 속에서부터 썩을 수 있다.

여름심기 상추 재재법

8월 중순에 씨를 뿌린다. 씨뿌리기가 너무 이르면 가을이 되면 꽃대가 서버리고 너무 늦으면 결구될 즈음에 얼어서 썩어버리므로 수확 타이밍에 조심해야 된다. 더운 시기에는 육묘로 심어야 한다.

가을심기 상추 재배법

따뜻한 지방에서는 가을에 씨를 뿌린다. 육묘에서 심는 법과 비닐 덮은 밭에 직접 씨뿌리는 법도 있다. 솎으기, 웃거름 등은 봄, 여름 씨 뿌리기와 같다.

육묘 후에 심어주는 법

9월에 씨를 뿌리고 겨울 전에 묘를 심어서 이듬해 3~4월에 수확한다. 육묘법은 여름 씨뿌리기와 같으나 묘를 만들 때에 모기장 천을 쳐주지 않아도 된다.

비닐필름을 깔고 밭에 직접 씨뿌리는 방법

10월쯤에 직접 밭에 씨를 뿌린다. 10월에 씨를 뿌린 채 월동시킬 때 서리발이 잘 서는 지방에서는 포기가 상해 버린다. 오히려 2월 하순에 비닐필름을 깔아서 밭에 바로 씨뿌리는 편이 재배하기 쉽다.

상추 용기재배법

상추는 어릴 때 따 먹는 것이 쓴맛이 덜하다. 베란다에서 용기에 키우기 적절한 채소이다.

1. 씨 심기

육묘 상자에 흙을 넣고, 한 곳에 두 알씩 씨를 뿌린다. 넓은 그릇이면 2~3 cm 간격으로 씨를 뿌린다. 기온 15~20℃에서 발아하므로 봄에는 3~4월, 가을에는 8월에 씨를 뿌린다. 씨가 안 보일 만큼 흙을 덮고, 물뿌리개로 넉넉히 물을 준다. 씨가 흐트러지지 않게 살살 준다.

2. 싹틔우기 및 솎아주기

씨 뿌린 뒤 10일쯤이면 발아한다. 기온이 20℃ 이상이면 싹트기가 어려우므로 시원한 곳에 둔다. 처음 돋은 잎을 아기잎, 그 다음에 까칠까칠한 어미잎이 돋는다. 발아하면 물을 준다. 한 군데에 두 그루가 있을 때는 못 자란 묘를 솎아 버린다. 잎이 크게 펼쳐진 것이 좋은 묘이다. 남겨진 묘 뿌리에 흙을 북돋아 준다.

3. 정식

어미잎이 5~6장이 되면 정식한다. 웃거름도 화학비료를 한 줌씩 포기 위에 뿌려 준다. 그릇 하나에 3~4포기씩 심는다. 정식으로 뿌리가 붙으면 양지바른 데서 키운다. 흙이 마르면 물을 넉넉히 준다.

4. 웃거름

바깥잎이 둥글게 결구를 시작하면 화학비료 한 줌을 준다. 결구를 시작하면 포기가 약해지고, 바깥잎은 의지가 되므로 따지 않는다.

5. 수확

결구로 윗부분이 굳어지기 시작하면 수확한다. 늦어지면 잎이 딱딱해져서 쓴맛이 강해진다. 상한 잎은 떼어 버리고, 좋은 잎만 뿌리째 뽑는다.

청경채 Pak choi

Brassica Compestris L. ssp Chinensis

일반

❶ 원산지_중국 화중지방

❷ 분류_엽채류

❸ 생태_2년초

❹ 전초외양_직립형

❺ 전초높이_약 0.25m

❻ 영양분_비타민 C, 카로틴, 칼슘 등

중국 배추의 한 가지이다. 명칭은 잎과 줄기가 푸른색을 띤 데서 유래하였다. 원래 청경채는 배추의 야생종으로, 7세기경에 중국의 양주에서 오랜 기간 동안 자연 교잡되어, 지금 배추의 원시형을 탄생시킨 조상이기도 하다. 차고 서늘한 기후에서 잘 자라지만, 더위에도 강하다.

특별한 맛이나 향은 없고, 매우 연하다. 영양 성분으로는 비타민 C나 비타민 A 효력을 가진 카로틴이 듬뿍 들어 있다. 칼슘이나 나트륨도 많고, 일년 내내 이용할 수 있는 녹황색 채소다.

삶으면 녹색이 산뜻해지면서 무르지 않고 어떤 요리에도 잘 어울리는 영양 높은 채소이다. 꽃대가 빨리 억세지지 않는 가을에 심기를 권한다.

청경채는 높은 온도로 가열하면 선명한 녹색이 된다. 기름에 볶거나 물에 데쳐 먹는다.

성분과 특성

즙이 많고 열량이 낮아 다이어트에 효과적이다. 칼슘, 칼륨, 나트륨 등 각종 미네랄과 비타민 C나 카로틴이 풍부하여 피부미용에 효과적이고, 치아와 골격의 발육에 좋다.

1. 복토覆土

청경채는 어떤 토양에서나 잘 자라지만, 습기가 있는 곳이 좋다. 건조하면 늦게 자라고 품질도 떨어진다. 씨뿌리기 2주 전에 밭 1㎡당 고토석회 100g 을 뿌려서 잘 갈아둔다.

2. 밑거름

씨뿌리기 1주 전에 1㎡당 매그펜K 같은 석회비료 80g을 뿌리고 잘 갈아서 폭 1m의 넓은 이랑을 만든다.

3. 씨뿌리기

이랑에 물을 많이 주고 습하게 한 다음 가로, 세로 15㎝ 간격으로 한 군데 에 4~5알의 씨를 뿌린다. 이것을 점파(點播)라고 하는데, 씨가 안 보일 정도 로 얇게 흙을 덮는다.

4. 싹틔우기 및 솎아주기

씨 뿌리고 4~5일이 지나면 싹이 튼다. 싹튼 후 2~3일이 되면 뒤엉켜 자라는 데, 적당하게 뽑아 준다. 그대로 두면 가늘게 길고, 약해지므로 일찍 솎아 준다.

키가 10㎝ 가량 되면 다시 적당히 솎아서 식용한다. 계속 솎아 먹고, 마지막 엔 한 군데에 한 포기만 남긴다.

5. 수확

여름갈이는 파종 후 30~40일, 가을갈이는 40~60일이면 수확할 수 있다. 뿌 리포기가 둥글게 굵어지면 수확할 적기이다. 잎이 큰 것부터 뿌리째 수확한 다. 남겨진 포기도 바로 굵어지므로 이어서 수확한다.

청경채 재배 성공 포인트

씨뿌리기를 늦춘다

더위나 추위에 강하고 잘 자라기 때문에 씨 뿌릴 때와 수확할 때 시기를 조금씩 늦춰서 씨를 뿌리면 날마다 수확하면서 신선한 채소를 먹을 수 있다.

겨울에는 서리를 막아 준다

추위에 강하지만 서리를 맞으면 잎이 노랗게 되거나 포기가 약해지므로, 비닐 등으로 서리를 막아 준다.

병충해를 방제한다

병충해는 잘 발생하는 편이어서 방제에 주의한다.

배추 Chinese cabbage

Brassica campestris L. ssp. pekinensis

❶ 원산지_중국

❷ 분류_엽채류

❸ 생태_2년초

❹ 전초외양_직립형

❺ 전초높이_0.3~0.5m

❻ 영양분_비타민 C, 카로틴, 칼슘 등

잎이 여러 겹으로 포개져 자라고 긴 타원형이다. 봄에 담황색 네잎 꽃이 핀다. 잎, 줄기, 뿌리를 식용하며 특히 잎은 김치를 담그는 데 사용한다. 원산지는 중국 북부이다.

실용적인 결구종과 반결구종이 재배되고 있다.

파종시기는 촉성 재배는 4월, 봄 재배는 6월, 고랭지 재배와 솎음 재배는 7월, 여름 재배는 9월, 가을 재배는 11월이다. 일반적으로 2~8월에 파종하여 2~3개월 후 4~11월에 수확한다.

배추는 추위에 강하므로 가을에 심기를 권하며 중생종, 조생종이 키우기 쉽다. 병충해가 곧잘 생기므로 조심해야 한다.

가식부 100g 중에는 수분 96%, 단백질 1.1%, 탄수화물 2.3%, 지질 0.1%, 칼륨 230mg, 비타민 C 22mg 등으로 형성되어 있다.

배추는 산성식품을 중화해 주고 식욕 증진에도 효과가 있다. 겨울철 채소로는 김장용으로 가장 많이 소요되고 일년 내내 김치와 국, 찌개 등으로 식탁에 오르는 알칼리성 식품이다.

영양상 특성으로는 비타민 C와 칼슘이 풍부하다. 칼슘은 뼈를 만드는 데 쓰일 뿐 아니라 산성을 중화시키는 효소도 들어 있고, 배추에 있는 비타민류는 끓이거나 김치를 담가도 다른 채소에 비해 비교적 많이 남아 있다. 수분이 약 95% 정도로 높고, 칼로리는 낮으며 녹색 부분에는 비타민 A가 풍부하다. 속 잎은 노란색이고 바깥잎은 진한 녹색을 유지하므로 칼슘과 비타민 C를 상당량 함유하고 있는, 섬유질의 주 공급원 식품이다.

한방에서는 침의 분비를 원활히 하고 창자 안에서 소화를 도우며 내장의 열을 내리게 한다고 한다. 배추는 섬유질이 많아 변비에 좋고, 김치로 담근 후 3주일 정도 될 때 비타민 C 함량이 가장 많다.

1. 복토覆土

씨뿌리기 3주 전, 밭에 1㎡당 고토석회 150g, 용린 70g을 뿌려서 잘 갈아둔다. 배추는 병충해에 잘 걸리기 쉬우므로, 흙을 미리 소독해 두어야 한다.

2. 밑거름

씨뿌리기 2주 전에 1㎡당 유안비료 100g, 과인산석회 70g, 황산칼리 30g을 뿌려서 다시 한 번 갈아 준다.

3. 이랑 만들기

폭 60㎝의 이랑을 만들어서 골에는 짚, 풀, 퇴비 등을 많이 넣는다. 이것들은 완숙 안 된 것도 상관없다. 그런 다음 1주쯤 밭을 쉬게 한다.

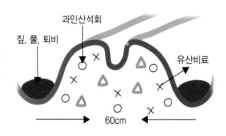

4. 씨뿌리기

이랑 중앙의 가장 높은 곳에 깊이 5 ㎝의 좁은 고랑을 만들어서 그곳에만 물을 준다. 고랑 속에 1㎝ 간격으로 씨 하나씩을 뿌리고, 흙을 0.5~1㎝ 덮는다.

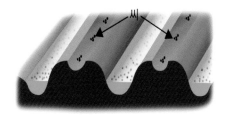

5. 부직포 덮기

씨 뿌린 후에 부직포(不織布)로 덮어준
다. 이렇게 해주면 소독을 안해도 된다.
부직포는 더운철 내내 덮어 놓는다. 왜
냐하면 결구하기 시작할 때까지 덮어주
면 병충해를 막아준다.

6. 발아

씨 뿌린 후 4~5일이면 싹이 튼다.

7. 솎아주기

이파리가 뒤엉켜지면 덜 자란 나쁜 묘
를 뽑아 준다. 이렇게 솎아 준 묘는 버
리지 말고 식용한다. 좁고 넓은 간격의
차이가 있더라도 건강한 묘를 남긴다.

8. 웃거름

비료 성분이 모자라면 결구되지 않으므로 비료를 추가해 준다. 웃거름은 세
번에 나누어 주는데, 유안비료 한 줌씩을 2~2.5m의 길이로 준다. 첫 번째는
이파리가 4~5장일 때 이랑의 한쪽에, 두 번째는 이파리가 10~15장일 때 이
랑의 반대쪽에, 세 번째는 결구하기 직전에 이랑과 이랑 사이 골짜기에 유안
비료 한 줌을 길이 2m에 뿌려 준다. 결구하는 데는 질소비료의 효과가 크다.

9. 수확

결구가 굳어지면 수확한다. 만일 추워지거든 머리 부분을 짚이나 끈으로 묶
어 주어, 얼지 않게 해준다.

배추 재배 성공 포인트

지역에 따라 씨 뿌리는 시기가 다르다

배추는 겨울이 되어 기온이 내려가면, 싹눈 자리에 내년에 꽃이 달릴 꽃눈이 생긴다. 이것이 다음해 씨를 여물게 해서 자손을 불어나게 하는 싹이다.

이 꽃눈을 보호해 주려고 이파리를 감싸듯 묶어 주는 일을 결구(結球)라고 한다. 가을에 씨 뿌리는 배추는 일찍 뿌리거나 늦게 뿌리거나 추위가 오면 저절로 꽃눈 준비를 하기 시작한다. 그래서 이파리를 더 이상 키우지 않는다. 이파리가 불어나지 않으면 결구를 하고자 해도 이파리가 모자라므로, 추워지기 전에 이파리 수효를 늘려 주어야 한다.

그리고 너무 일찍 결구해 놓으면 병균이나 해충의 온상이 될 가능성이 많으니, 결구하는 시기를 잘 맞추어야 한다.

중생종은 약간 늦게 씨를 뿌린다

배추는 일찍 씨를 뿌리면 병충해가 생기기 쉽다. 반대로 늦게 뿌리면 병충해는 덜하지만 결구가 잘 안 된다. 그러므로 재배 기간이 짧은 조생종을 택해서 늦게 씨를 뿌리면 좋다.

병충해 방지

노균병에 잘 걸리므로, 조금이라도 얼룩무늬가 보이면 약재를 뿌려 주고 모기장 천을 덮어서 막아 준다.

배추 용기재배법

배추는 국, 김치 등 모든 요리에 들어가는 식재료로서 재배 요령만 알면 베란다에서 충분히 키울 수 있다.

1. 파종

씨뿌리기는 8월 중순부터 9월 중순이 적기이다.
육묘상자에 흙을 담고 씨를 뿌린다. 한 군데에 세 개의 씨를 넣은 후, 씨가 안 보일 정도로 흙을 덮고 물을 살짝 뿌려 준다.

2. 발아

씨 뿌린 후 4~5일이면 싹이 튼다. 첫번째 나온 잎은 새끼잎, 그 다음에 나오는 잎은 어미잎이라고 한다. 싹이 트면 물을 주기 시작한다.

3. 솎아주기

묘가 빼곡히 돋아나면, 큰 묘만 남기고 작은 묘는 솎아서 한 군데에 한 포기 묘만 남긴다.

4. 정식

어미잎이 3~4장이 되면, 깊이 15㎝ 이상 되는 용기에 정식한다. 좋은 묘를 골라서 뿌리가 상하지 않게 옮겨 심는다. 정식 후 비료를 두 스푼 정도 뿌려 주고 그늘진 곳에 놓아둔다.

5. 웃거름

정식 후 10일쯤 지나면 화학비료 한 줌을 뿌리 부근에 또 뿌려 준다.
정식한 후 1주일이 지나면 뿌리가 단단해진다. 어미잎이 점점 펼쳐지면서 자라는데, 이때 알맞은 온도는 20℃ 내외이다.

6. 생장

성장하는 동안 물이 마르지 않게 주의한다. 흙 표면이 마르면 물을 흠건히 뿌려 준다. 어미잎이 20장쯤 되면, 바깥쪽 잎이 안쪽으로 말아지면서 공 모양이 되어간다. 이것을 결구라고 한다.

7. 수확

결구를 시작한 후 1개월쯤 지나면, 포기가 단단하게 결구되면서 여물어간다. 결구의 머리 부분이 단단해지면 뿌리를 칼로 잘라 수확한다.
신문지에 싸서 서늘한 곳에 두면, 한 달쯤 보관이 가능하다.

양배추 Cabbage

Brassica oleracea var. capitata L.

일반

❶ 원산지_지중해 연안과 소아시아

❷ 분류_엽채류

❸ 생태_2년초

❹ 전초외양_직립형

❺ 전초높이_0.3~0.4m

❻ 영양분_비타민류, 칼슘 등

야생종은 서구로부터 지중해에 달하는 해안에 자생하여 예부터 유럽에서 개량되었다. 우리나라에 들어온 것은 19세기 후반이다.

잎은 두껍고 털이 없으며 녹백색이다. 고갱이가 잘 뭉쳐 공같이 된다.

추위에 강하므로 가을에 씨를 뿌리는 것이 좋다. 병충해가 발생하기 쉬워서 재배가 쉽진 않다.

성분과 특성

백색화된 부분이 전체의 85% 정도이며, 녹색 부분은 비타민 A, 흰색 부분은 비타민 B, C가 함유되어 있다.

생장에 필요한 필수아미노산인 나이신이 많아, 발육기 어린이에게 매우 유익하다. 칼슘이 많은 알칼리성 식품으로, 칼슘은 우유 못지않게 잘 흡수되는 형태로 함유돼 있다. 위궤양에 효과적이며 혈압과 혈당치를 낮추므로 당뇨병과 고혈압 예방 및 위 기능 향상, 변비 치료에 좋다.

양배추를 실온에 보관하여 10일 정도 지나면 비타민 C가 거의 파괴된다. 이런 영양 손실을 막기 위해 랩으로 포장해서 5℃ 이하에서 저장하면, 3~5주 정도 신선도가 유지된다.

1. 복토覆土

심기 3주 전에 밭 1m²당 고토석회 150g, 용린 70g을 뿌려서 잘 갈아 준다. 양배추는 병충해에 잘 걸리므로 소독약도 뿌린다.

2. 밑거름

심기 2주 전에 1m²당 화학비료 50g, 과인산석회 50g, 황산칼리 30g을 뿌려서 다시 한 번 갈아엎어 흙을 섞어 둔다.

3. 씨뿌리기

육묘상자의 흙에 깊이 5㎝의 좁은 고랑을 만들어서 1㎝ 간격으로 씨를 뿌리고, 엷게 흙을 덮어 준다.

4. 부직포 덮기

씨를 뿌린 뒤 육묘상자 위에 부직포를 덮어 준다. 부직포를 덮으면 약을 뿌리지 않아도 병충해를 막을 수 있다. 묘를 심고 나서 부직포를 오래 덮어두고 결구하기 시작할 때쯤 걷는다.

5. 싹틔우기

씨를 뿌리고 4~5일이면 싹이 튼다.

6. 솎아주기

그 후 이파리가 무성해지면 생육이 늦은 묘는 솎아 버린다. 잎이 10~15장 되기까지 포기와 포기 사이가 40㎝를 유지할 수 있는 간격으로 솎아 준다.

7. 웃거름

양배추는 비료를 잘 흡수한다. 웃거름은 3회에 나누어 준다. 한 번에 유안비료 한 줌을 2~5㎝ 간격으로 준다. 첫 번째는 잎이 4~5장일 때 이랑의 한쪽에, 두 번째는 잎이 10~15장일 때 이랑의 반대쪽에 준다. 세 번째는 결구 직전에 이랑과 이랑 사이 골에 유안비료 한 줌씩을 길이 2m 간격으로 준다. 결구하기 시작하면 질소비료의 효과가 크다.

8. 결구

이파리가 20장 정도 되면 결구하기 시작한다. 이때 질소비료를 반드시 웃거름으로 줘야 한다.

9. 수확

만져 봐서 결구가 딱딱하게 되었을 때가 수확 적기이다. 너무 늦어지면 결구가 갈라지므로 주의한다. 바깥잎을 누르고 뿌리를 칼로 잘라 수확한다.

비료는 넉넉히 준다

양배추는 결구하기까지 바깥잎이 눈에 띄게 자라지 않고는 좋은 수확을 기대하지 못한다. 흙을 건조시키지 않아야 되는 것과 질소비료를 넉넉히 주는 것이 가장 중요하다.

작은 양배추 종자가 키우기 쉽다

일반 가정 텃밭에서 재배하기에는 작은 양배추 품종이 적당하다.

병해충 방제

양배추는 병해충에 약하다. 애벌레, 거염벌레가 특히 많다. 나비가 날아와 잎에 알을 낳고 가면 애벌레가 생기고, 거염벌레는 흙에 있다가 밤에 나와서 양배추를 자르거나 이파리를 먹어 버린다. 큰 거염벌레는 흙속에 구멍을 뚫고 들어가 있으므로, 찾아내서 빨리 잡아 버리지 않으면 양배추를 모두 해친다. 그러므로 병충해 방제를 반드시 해야 한다. 부직포 등으로 덮어 주면 방제가 된다.

용기에 2~3포기쯤은 무난하게 키울 수 있다. 수확이 늦어지면 꼭대기가 세거나 깨지므로, 수확하는 시기를 잘 맞춘다.

1. 씨뿌리기

육묘상자에 흙이 흘러나오지 않도록 바닥에 신문지를 깔고 흙을 넣는다. 흙에 충분히 물을 주고, 깊이 5㎝ 정도의 골을 만든다. 간격은 5~6㎝ 정도로 한다. 골 속에 씨 2~3개씩을 넣는다. 9월이 씨를 뿌리기 적당하다. 줄 양쪽의 흙을 두 손가락으로 집어서 씨가 안 보일 정도로 덮어 준다. 물뿌리개로 이슬비 오듯 물을 준다.

2. 싹틔우기

씨 뿌린 뒤 4~5일이 되면 발아한다. 처음 나온 잎을 새끼잎이라고 한다. 싹이 트면, 마르지 않게 꾸준히 물 주기를 시작한다.

3. 솎아주기

싹이 너무 뒤엉켜 자랐으면 솎아준다. 발아 후 10일쯤 지나면, 새끼잎과 다른 모양의 잎이 돋아난다. 바로 어미잎이다.

4. 정식

어미잎이 2~3장일 때 육묘 포트에 옮겨 심는다. 육묘 상자 안의 묘는 뿌리의 흙과 같이 뽑아야 뿌리가 상하지 않는다. 육묘 포트에 미리 흙을 넣어 두었다가, 묘를 옮겨 심고서 뿌리 부근을 다져 준다. 정식

한 뒤 화학비료를 둘레에 뿌려 준다. 처음 정식한 후 묘는 허약해져 있으므로, 직사광선이 안 닿는 그늘에 두고 물을 준다.

5. 생장

어미잎이 10장 정도 되면 아래쪽 잎이 노랗게 되기 시작하는데, 이것은 절단해 버린다. 키우는 동안에 물이 마르지 않게 한다.

6. 해충 방제

키우는 동안 애벌레에 먹히는데, 발견하는 대로 잡아 버리고 심하면 방제약을 사용한다.

7. 결구 후 수확

어미잎이 20장쯤 되면 바깥쪽 잎이 말아지면서 공모양이 되기 시작한다. 결구를 시작해서 1개월쯤 되면 딱딱해지기 시작한다. 결구된 위를 손으로 만져 보아서 딱딱한 것부터 뿌리를 칼로 잘라 수확한다.

가지 Eggplant

Solanum melongena L.

❶ 원산지_인도

❷ 분류_과채류

❸ 생태_1년초

❹ 전초외양_직립형

❺ 전초높이_약 1m

❻ 영양분_단백질, 지질, 당질 등

가지는 토양적응성이 커서 대부분의 토양에서도 잘 자란다.

열매는 원통형으로 긴 장가지형, 긴 달걀모양의 장란형, 동그란 모양의 구형 등이 있으며, 크기도 다양하고 색상도 흑자색, 연보라색, 주황색 등 여러 가지가 있다. 인도 동부 또는 동남부가 원산으로 추정되며 중국, 중동, 아프리카에 전파되었고 우리나라에는 중국을 거쳐 유입되었다. 현재 우리나라 전역에서 재배되는 작물이다.

성분과 특성

먹을 수 있는 부위 100g당 수분 94%, 단백질 1.1%, 지질 0.3%, 당질 3.8%, 섬유 0.9%, 회분 0.4%, 칼륨 180~230mg 등으로 구성되어 있다. 채소 중 비타민이 가장 적고 안토아닌 색소에 의해 껍질이 청자색을 띤다.

삶고 굽거나 기름에 튀겨도 맛있고, 어떤 요리에도 잘 어울려서 다양한 요리의 식재료로 사용된다. 대표적인 것은 가지 튀김, 가지 조림, 가지 된장볶음 등이 있다.

둥근 가지, 긴 가지 등 종류가 다양하며, 조생종의 길쭉한 가지는 잘 크고 가꾸기도 쉽다.

1. 복토覆土

묘를 심기 2주일 전에 밭에 고토석회를 1㎡당 150g 뿌려서 갈아 엎어둔다.

2. 밑거름

묘를 심기 1주일 전에 화학비료를 1㎡당 약 150g을 뿌려서 깊게 갈아 비료가 잘 섞이도록 한다.

3. 이랑 만들기

흙을 정리하고 90~100㎝ 간격으로 이랑을 만들고 깊이 15㎝의 골을 파서 1㎡당 퇴비 2kg, 화학비료 50g을 뿌리고 파낸 흙을 섞어서 이랑을 만든다. 퇴

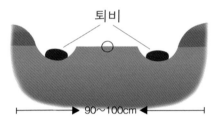

비가 놓인 위치는 이랑의 중심에서 옆으로 벗어나 있어야 한다. 묘 바로 밑에 퇴비가 놓여서는 안 된다. 습기가 많은 곳에서는 이랑을 높게 하고 습기가 마르기 쉬운 밭에 서는 이랑을 낮게 하며, 주위의 흙은 반드시 이랑 사이의 골짜기보다 낮게 파서 물이 고이지 않게 조심해야 한다. 물이 고이면 병에 걸리기 쉽다.

4. 비닐 깔기

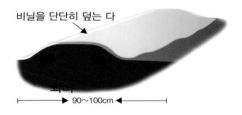

묘를 심기 5~7일 전에 비닐을 바닥에 깐다. 비닐은 이랑 전체를 덮을 만큼의 크기로 잘라서 양쪽 고랑 부분에 흙을 씌워서 덮어 준다.

5. 구멍 파기

깔아놓은 비닐 필름에 가위나 칼로 직경 7~8㎝ 정도로 둥글게 구멍을 뚫고 15㎝ 정도 깊이의 구덩이를 판다. 구멍과 구멍 사이의 간격은 50㎝ 정도로 하며 액체비료를 넣는다.

6. 묘 심기

5월 상순에서 중순 사이에 묘를 구입한다. 묘는 줄기가 굵고 마디 사이가 좁고 싱싱한 것을 고른다. 파놓은 구멍에 묘를 넣고 흙을 씌운 후, 다시 한 번 물을 뿌린다. 골 쪽에 넣은 퇴비 바로 위가 아닌, 10~12㎝ 떨어진 중앙에 묘를 심는다. 묘는 될수록 얕게 심고 뿌리가 안 보일 정도로 흙을 덮어 준다.

7. 가지 심기의 요령

가지는 다른 채소(토마토, 호박, 오이)보다 조금 늦게 심어야 잘 자란다. 아직 땅이 따뜻해지기 전에 서둘러 심으면 뿌리가 안 자라서 묘가 잘 크지 않으므로, 기온이 15℃ 이상 될 때 심는다. 단지 비닐필름으로 땅을 덮는 경우에는 서리만 안 내리면 비교적 빠른 철에 심을 수가 있다.

8. 지주 세우기

묘를 기울지 않게, 곧게 심는 것이 요령이다. 묘가 기우는 듯하면 지주를 세워 준다. 그대로 방치하면 줄기가 비뚤어져서 발육이 부진해질 수 있다. 지주를 세우고 둘레를 비닐로 막아 주면 더욱 좋다. 가지의 줄기는 꽤 굵어지므로, 여러 개를 심을 때는 묘와 묘 사이를 50㎝ 이상 띄워 준다.

9. 곁싹 자르기

처음 피운 꽃을 1번 꽃이라고 부르는데, 1번 꽃이 필 즈음이면 땅 가까이에 돋은 이파리 곁에서 줄기가 뻗어 나온다. 이것을 곁싹이라 한다.

곁싹은 영양분을 나눠 섭취하므로 열매를 맺는 데 지장을 준다. 일찌감치 꺾어 버려야 하므로 손가락으로 잘라 버린다. 이때, 1번 꽃 바로 밑의 곁싹 두 개는 매우 건강하기 때문에 남겨 둔다. 즉 1번 꽃 위에 있는 싹과 바로 밑의 두 개의 싹, 즉 세 개의 싹이 강한 줄기로 자라게 한다. 세 개의 줄기에 이파리가 2~3장 생기면 꽃봉오리가 돋아나고 거기서 다시 줄기가 나눠지므로, 이파리가 겹쳐지지 않고 세 방향으로 뻗어간다.

남기기

1번 꽃

자르기

10. 웃거름 주기

가지는 생육 중에도 비료를 필요로 하므로 2번 꽃이 필 때는 웃거름을 준다. 웃거름은 주로 질소비료에다 칼리비료를 10~20% 쯤 섞어서 한 번에 한 줌씩을 이랑 길이 1.5m마다 뿌려 준다. 웃거름은 늦지 않게 조금씩 여러 번 주는 것이 좋다.

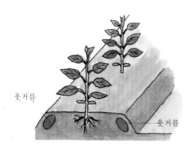

11. 첫 수확

첫 열매는 비교적 작을 때 수확해야 한다. 줄기가 아직 단단해지지 않았는데 열매가 크게 자라면, 줄기에 부담을 줘서 계속해서 수확하기가 어렵기 때문이다. 처음에는 줄기를 건강하게 키우는 것이 필요하다.

12. 가지와 잎 정리

가지는 기온이 높이 올라가면 갈수록 생장이 빨라지지만, 잎이나 가지가 너무 무성해져서 병충해를 입을 가능성도 높아진다. 특히 열매가 달린 뒤에는 아래 이파리가 노랗게 되므로, 땅에 가까운 잎은 따 버리는 것이 좋다.

13. 수확하기

개화 후 약 20일 후면 수확할 수가 있다. 가시가 있으므로 가위를 이용해서 색이나 모양이 좋은 것부터 수확해 간다. 수확이 늦어지면 가지나무에 부담이 가므로, 싱싱한 열매를 적당한 시기에 수확하도록 한다.

가지는 약용으로도 쓰이는데, 잎은 마취제, 씨앗은 자극제로 쓰인다. 건상 효과로는 빈혈, 대장 카타르, 피 섞인 변, 기관지염에 좋다. 특히 편도선염에 는 가지를 검게 구워서 뜨거운 물에 넣어 차로 마시면 효과가 있다.

연작장해 방지

채소 중에는 같은 땅에 계속해서 같은 식물을 심으면 병이나 해충의 피해 를 입기 쉬운 종류가 있다. 이것을 연작장해(連作障害)라고 한다.

특히 가지과의 채소(가지, 피망, 토마토)나 오이과(오이, 수박, 멜론), 콩 종류는 같은 땅에서 계속 심지 않도록 한다. 퇴비를 주거나 토양을 개량하면, 연작 에 의한 피해를 줄일 수 있다.

가지를 연작하면 무당벌레, 진드기가 잘 붙는다. 벌레가 생기면 잡아주고 통 풍이 잘 되도록 아래쪽 잎을 따 주며, 가지나무가 너무 건조하지 않게 손 봐 주어야 한다.

가지 용기재배

용기는 둘레가 넓은 것보다 깊이가 깊은 것이 좋다. 깊이와 가로 세로 직경이 30㎝ 이상 되는 것을 준비한다. 원예용 흙과 액체비료를 섞어서 용기에 넣고, 고형비료를 포기 둘레에 뿌려 주면 잘 재배할 수 있다.

재배법

1. 묘 심기

봄에 묘를 심어야 한다. 줄기가 굵고 마디와 마디 사이가 촘촘히 생긴 묘를 골라 준비한다. 가지는 크고 높게 자라므로, 깊이 20㎝ 이상 되는 용기를 준비한다. 묘에 붙어 있는 흙이 부서지지 않도록 종묘 포트에서 조심스럽게 꺼낸다.

배수가 잘 되도록 될수록 얕게 심는다. 묘를 위로 향하게 하고, 뿌리가 안 보일 정도로 흙을 살짝 덮어 준다.

2. 지주 세우기

가지는 열매가 크기 때문에 지주로 받쳐 주어야 한다. 뿌리에서 약간 떨어진 곳에 세우고, 줄기와 지주를 8자 모양으로 느슨하게 묶는다.

3. 물 주기

화분 밑에서 물이 흘러나올 정도로 물을
주고, 2~3일 동안 그늘에 둔다.

4. 곁싹 잘라주기

꽃봉오리가 커지고 꽃이 핀다. 처음 핀
꽃을 1번 꽃이라고 한다. 잎 곁에서 나온
곁싹은 될 수 있는 대로 일찍 잘라 준다.

5. 비료 주기

가지는 자라면서 영양분을 잘 흡수하기 때문에 비료를 추가해서 준다. 비료
는 조금씩 여러 번 나누어 주는 것이 좋다.

6. 첫 수확

1번 꽃이 지면 열매가 자라기 시작한다.
첫 열매는 너무 크지 않을 때 딴다. 줄기
가 단단해지기 전에 너무 무겁게 매달리
면, 줄기가 약해져서 많이 수확하기가 어
렵기 때문이다.

7. 수확하기

꽃이 지고 20일쯤 지나면 열매가 속속
열린다. 물 주기, 웃거름 주기를 계속한
다. 두 번째 열매 이후에는 색과 모양이
좋은 것부터 자주 수확하며 수확이 늦어
지면 나무줄기에 부담을 준다.

8. 수확 후 거름주기

화학비료를 뿌리 주변에 뿌려 준다. 수확할 때
마다 웃거름을 줘야 오래오래 수확할 수 있다.

9. 가지치기

가지를 그대로 가을까지 두면 줄기는 약해지
고, 열매는 딱딱해지거나 갈라지기도 한다. 그
러므로 8월 초에 한두 장 이파리만 남기고 줄
기를 모두 잘라 버린다. 잠시 동안은 열매를
거두지 못하지만 다시 가을 새싹이 돋아나서
가을까지는 가지를 먹을 수 있게 된다.

가지 용기재배 성공 포인트

가지는 원래 열대식물이기 때문에 고온과 일광을 좋아하고, 물과 거름도 잘
흡수한다. 배수가 잘 되는 용기와 흙에 심어서 햇빛 잘 드는 곳에서 키운다.
곁싹은 빨리 잘라 주는 것이 좋다. 가지와 가지 사이가 서로 엉켜서 통풍이
잘 안 되면 병해충이 생기기 쉽기 때문이다.

피망 Paprika

Capsicum annuum L. var. angulosum Mill

❶ 원산지_중앙아메리카

❷ 분류_과채류

❸ 생태_1년초

❹ 전초외양_직립형

❺ 전초높이_0.6~1.5m

❻ 영양분_비타민 A, B1, C 등

중앙아메리카 원산이다. 영명으로는 'sweet pepper' 또는 'bell pepper'라고 하며, 일본에서는 상업적으로 피망과 차별화하기 위해서 파프리카와 피망을 다르게 부른다.

우리나라에는 피망을 개량한 작물이 '파프리카'라는 이름으로 새롭게 들어왔기 때문에, 피망과 파프리카가 다른 것으로 인식하는 경향이 있다. 일반적으로 매운맛이 나고 육질이 질긴 것을 피망, 단맛이 많고 아삭아삭하게 씹히는 것을 파프리카라고 부른다.

피망은 알칼리성 강장식품으로, 더위에 저항력이 없고 허약한 사람이 계속 먹으면 체력이 좋아진다. 비타민 A가 많은 것이 특징이며, 지방질과 섞어서 먹으면 흡수율이 높아진다. 양지바르고 따뜻한 곳에서 잘 자란다.

성분과 특성

한 그루에 100여 개를 수확할 수 있는 채소이다. 고추와 파프리카는 같은 과(科)이며 녹황색 채소 중에서 인기 있는 종류이다. 가꾸기 쉬운 것도 큰 매력이다. 피망은 고추의 일종으로, 열매가 큰 품종의 일대 잡종이 대표종이다. '양고추'라고도 불리며 비타민 A, B1, C의 함량이 많다.

가온(加溫) 하우스 재배는 11월 상순부터 6월 상순까지, 무가온 하우스 재배는 4월 상순부터 11월 상순까지, 터널 재배는 5월 상순부터 10월 하순까지, 노지 재배는 6월 하순부터 10월 상순까지 재배하여 수확한다.

수확한 파프리카는 온도를 8℃로 유지해 주면 다른 채소에 비해 저장성이 좋아, 보통 10일 정도 보관이 가능하다.

재배법

1. 복토覆土

묘를 심기 2주일 전에 고토석회를 1㎡당 150g을 뿌려서 잘 갈아 엎어둔다.

2. 밑거름과 이랑 만들기

묘를 심기 1주일 전에 1m 간격으로 깊이 15cm를 파서 화학비료 1㎡당 70g을 넣고 다시 흙을 덮고 이랑을 폭 1m, 높이 20cm 정도로 판다.

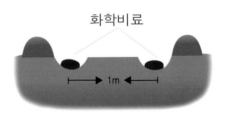

화학비료

1m

3. 필름 덮기

이랑에 퇴비를 골고루 뿌리고 그 위에 비닐필름으로 덮는다. 이랑의 양쪽 고랑까지 이르도록 깔아서 흙을 덮고 고정시켜서 밀착되도록 덮는다.

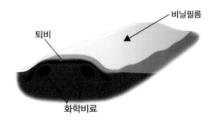

비닐필름

퇴비

화학비료

4. 묘 심기

5월 상순부터 중순에 묘를 구입한다. 큰 묘목일수록 좋은 것이며, 잘 자란다. 줄기가 굵고 마디 사이가 좁고 튼튼한 것이 좋은 묘이다.

덮어 놓은 비닐 천에 가위나 칼로 직경 7~8cm 정도의 구멍을 뚫고 묘를 심는다. 묘는 될수록 얕게 심고, 뿌리가 안 보일 정도로 흙을 엷게 덮어 준다.

피망은 온도가 높을수록 잘 자라기 때문에, 묘 심기는 아주 따뜻해졌을 때 해주어야 한다. 묘는 기울지 않고 곧게 세워서 심는다.

5. 곁싹 잘라주기

잎이 8~10장쯤 되면 저절로 큰 곁싹이 세 방향으로 나뉘어 돋아나기 때문에, 아래쪽에서 돋아나오는 곁싹은 일찍 잘라 버려야 한다. 그대로 놔둘 경우 열매가 부실해진다.

본줄기와 키우는 곁싹

1번 꽃   자르기

6. 비료 주기

피망은 비료를 많이 요구하므로 키우는 도중에 15~20일 간격으로 비료를 준다. 이것을 웃거름이라 하는데, 질소비료를 1㎡당 30g을 골짜기의 양옆에 뿌려 준다. 비가 오면 골짜기에 비료가 녹아서 필름 속으로 흡수되므로, 덮은 필름을 모두 걷고 나서 웃거름을 줄 필요는 없다.

7. 지주 세우기

피망이 자라면 바람에 쓰러지기 쉬우므로 지주를 세워 그루를 지탱해 준다. 길이 1m 정도의 굵은 지주를 세워서 단단히 묶어 준다.

8. 수확

포기 위쪽부터 하얀 꽃이 피기 시작한다. 햇볕이 모자라거나 장마 때에는 꽃이 떨어질 수 있지만, 장마가 지나면 열매가 맺기 시작한다. 개화 후 20~25일 후쯤 되면 수확할 수 있다. 기온이 높아지면 매일같이 열매가 성숙해져 가는데, 만져 보아서 부드러운 것부터 수확한다. 열매가 너무 오래 달려 있지 않도록 빨리 따 주어야만, 그루가 덜 지치고 오래오래 수확할 수가 있다.

익은 열매를 너무 늦게까지 놔두면 색이 너무 붉어져서 맛이 나빠지고, 열매 또한 딱딱해진다.

피망 재배 성공 포인트

첫째 열매는 크지 않을 때 따 준다.

첫째 열매를 따지 않고 오래 두면 싹이 더디게 돋아난다. 반대로 열매를 한꺼번에 따 버리면 그루가 약해져서, 장마 때는 꽃이 떨어져 버린다. 이 두 가지 밸런스를 잘 맞춰 재배해야 한다.

피망 용기재배

흙과 비료, 가로, 세로 직경이 30㎝ 이상 되는 용기를 준비한다. 원예용 흙과 액체비료를 섞어서 용기에 넣고, 고형비료를 포기 둘레에 뿌려 주면 오래 재배할 수 있다.

재배법

1. 묘 심기

봄에 묘를 심을 때 줄기가 굵고 마디와 마디 사이가 촘촘한 묘를 고른다.

피망은 크게 자라므로 깊고 넓은 용기를 준비한다. 분갈이할 때 묘에 붙어 있는 흙이 부서지지 않도록 종묘 포트에서 조심스럽게 꺼낸다. 가능한 얕게 심어서 물이 잘 빠지게 심은 다음, 뿌리가 안 보일 정도로 흙을 덮는다.

2. 지주 세우기

피망은 크게 자라므로 지주를 세워 주어야 한다. 뿌리에서 약간 떨어진 곳에 지주를 세우고, 줄기와 지주를 8자로 가볍게 묶어 준다.

3. 물 주기

용기 밑에서 흘러나올 정도로 넉넉히 물을 주고, 2~3일 동안 그늘에 둔다.

4. 웃거름 주기

웃거름 주는 시기를 놓치지 말고 자주 준다.

5. 첫 수확

키가 30~40cm쯤 되면 흰 꽃이 피기 시작한다. 꽃이 피고 15일쯤 되면 열매가 달린다. 꽃이 진 다음 20~25일이면 수확할 수 있다.

6. 지주 보강하기

열매가 매달리게 되면 무게 때문에 그루가 기울어지기 쉽다. 굵은 지주로 바꾸든지, 지주 세 개를 엮어서 보강해 주도록 한다.

7. 수확

열매가 커져서 선명한 초록색이 되면, 만져 보고 부드러운 것부터 수확한다.

피망은 오래 두면 가지처럼 열매가 붉어지면서 딱딱해지므로, 때를 놓치지 말고 늦지 않게 수확한다. 많이 수확할수록 그루가 약해진다. 열매를 수확한 후에 화학비료를 주면, 가을까지 오래오래 수확할 수 있다.

피망 용기재배 성공 포인트

피망은 고온에서 잘 자라기 때문에, 묘가 잘 생장했다 싶으면 양지바른 곳으로 옮겨 준다. 적어도 반나절은 햇빛이 비추는 곳에서 키워야 한다. 바람이 세게 부는 곳에 두었다가는 줄기가 부러지거나 꽃이 떨어질 수 있으니 조심한다. 흙이 건조해져도 꽃이 떨어져서 열매를 맺지 못한다. 그러므로 흙이 마르지 않게 자주 물을 준다. 이 시기가 비료를 잘 흡수하는 때이므로, 웃거름도 함께 주어야 한다.

고추 Pepper

Capsicum L. var. annuum

❶ 원산지_남아메리카

❷ 분류_과채류

❸ 생태_1년초

❹ 전초외양_직립형

❺ 전초높이_1.2~1.5m

❻ 영양분_비타민 A, C, 지방, 갈륨 등

피망, 고추, 풋고추, 파프리카는 모두 가지과 고추속에 속한다. 모두 같은 요령으로 재배할 수 있지만, 모종이 똑같아 보이기 때문에 분간하기가 쉽지 않다. 고추 묘는 피망과 구별하기 위해서 한 개의 화분에 두 개를 심어두는 것도 나중에 구별할 수 있는 좋은 방법이다.

고추 중에서 붉은 고추는 맵고 작은 것이 특징이다. 열매는 서서히 붉어지므로, 붉어지는 대로 순차적으로 거둔다.

풋고추는 피망이 가늘어진 종류다. 피망보다 좀 맵지만 살이 얇은 것이 특징이다. 재배법은 피망과 같으나, 피망보다 간단해서 처음 키워보는 사람에게는 권장할 만하다.

고추를 반으로 나누어 그 속에 고기를 채워서 기름에 튀기면, 독특한 매운맛과 향미가 있다.

긴 타원형 열매는 녹색으로 열리고, 익어가면서 빨갛게 된다. 매운맛이 있어 양념으로 사용한다. 풋고추는 빛이 푸르고 아직 익지 않은 고추를 말한다. 풋고추에는 비타민 A의 모체가 되는 카로틴 1.151mg과 비타민 C 84mg이 다른 채소에 비해 특히 많고, 무기질이 골고루 들어 있다. 고추의 매운맛 성분은 캡사이신과 디히드로캡사이신으로 0.2%를 차지한다. 씨앗에는 30% 가량의 지방이 들어 있는데, 이것이 자극적인 향미를 돋운다. 고추씨에는 고춧가루의 매운맛을 돋우는 감칠맛 성분인 베타인, 아데닌이 함유되어 있다.

재배법 　고추 재배법은 피망 재배법과 같다.

오이 Cucumber

Cucumis sativus L.

❶ 원산지_인도 북서부

❷ 분류_과채류

❸ 생태_1년초

❹ 전초외양_덩굴형

❺ 전초길이_덩굴성, 약 2m까지 자란다.

❻ 영양분_탄수화물, 펜토산, 칼륨 등

덩굴손으로 감아 뻗으면 초여름에 노란 통꽃이 피고, 열매는 가늘고 길며 녹색인데 나중에는 누렇게 익는 식용식물이다.

오이는 찬 성질을 갖고 있으며, 수분과 비타민이 풍부하여 여름철 더위를 이기는 청량식품으로 매우 좋다.

오이를 반으로 갈라 그늘에 잘 말린 후 물에 넣고 끓이면 '오이차'가 되는데, 이것을 마시면 온몸이 푸석푸석 부어오르는 증세를 가라앉히는 효과가 있다.

오이는 숙취해소에도 그만이다. 숙취에 오이를 이용한 것은 서양에서도 마찬가지다. 술을 많이 마시면 체내의 칼륨이 빠져나가므로 칼륨, 철분 등이 풍부한 오이로 공급하는 것이다.

원산지는 인도 북서부에서 네팔에 이르기까지의 지역이고, 유럽에는 9세기 이후, 신대륙에는 16세기에 전파하였다. 한편 중국에는 기원전 2세기경에 실크로드와 미얀마, 운남을 경유로 전파하였고, 전자는 화북형, 후자는 화남형의 근원이 되었다.

우리나라로는 10세기에 화북형 등이 전래하였다. 현재 우리나라에서 재배되는 오이 품종은 품질이 좋은 백사마귀 오이에 화남형, 화북형, 중간형 등을 다원적으로 교잡하여 완성된 것이다.

성분과 특성

주성분은 탄수화물, 펜토산, 페크린 등이며 단백질은 거의 없으나 칼륨과 인산이 많다. 수분이 96%이며 엘라테린(elaterin)이라고 하는 쓴맛 성분이 소화를 돕는다.

오이는 100g당 19㎉로 열량이 매우 낮으며, 칼륨 함량이 높은 알칼리성 식품이다. 오이의 쓴맛 성분은 열에 강해서 익혀도 파괴되지 않는다. 오이의 녹색 성분은 엽록소인데, 오이지나 오이소박이를 담그면 갈색으로 변하는 것은 생성된 산 때문에 엽록소가 분해되기 때문이다. 일반 과채보다 영양 성분 함량은 적으나, 독특한 향미와 씹는 촉감으로 인해 많이 애용된다.

오이는 이뇨 효능이 있으며, 위장병에도 좋고 갈증 방지에 효과가 크다. 몸이 부을 때 오이덩굴을 달여 먹으면 효과가 있다. 오이 줄기를 잘라서 나오는 물을 땀띠에 바르면 효과가 있는데, 이 즙은 피부를 곱게 하는 화장수로 쓰이고 얼굴에 오이 마사지를 하면 효과가 크다.

1. 복토覆土

겨울 동안 삽으로 밭의 흙을 파헤쳐 두면, 얼었던 땅이 녹으면서 부스러진다. 이것이 흙을 좋게 만드는 방법이다.

2. 밑거름

봄이 되면 밭에 1㎡당 완숙퇴비 2kg, 고토 석회 200g, 용린 100g을 뿌려서 갈아 놓는다. 4~5일 후에 화학비료를 1㎡당 100g을 뿌려서 다시 흙을 섞어 뒤엎어 둔다.

3. 이랑 만들기

고랑을 파서 폭80㎝, 높이 20㎝의 이랑을 만든다.

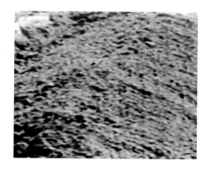

4. 묘 심기

심기 전에 물을 흥건히 주고, 30~40㎝ 정도 간격으로 한 그루씩 심는다.

5. 지주 세우기

줄기가 굵어지면 지주를 세워 준다. 길이가 2m 정도의 대나무 막대기를 준비하여 지주를 교차시켜 세우고 오이 덩굴이 뻗어가면 덩굴과 그루를 지주에 8자로 묶는다.

너무 세게 묶으면 상하니까 넉넉하면서도 풀어지지 않게 묶어 준다.

6. 적아摘芽와 적심摘芯

오이를 한 그루에서 많이 수확하려면 적아와 적심을 해야 한다.

이파리 4~5장까지에서 나오는 싹(새끼덩굴)은 잘라 버리고 본가지(어미덩굴)만 남긴다. 이것을 '적아'라고 한다.

여섯 번째 잎 이상에서 나오는 새끼덩굴에는 잎 2장에서 나오는 싹(손자덩굴)까지만 키우고, 그 다음 잎에서 또 나오는 싹은 뻗어나오는 대로 싹을 자른다. 이것을 '적심'이라고 한다.

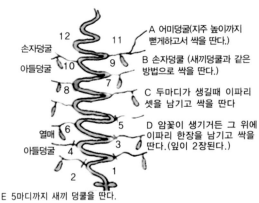

A 어미덩굴(지주 높이까지 뻗게하고서 싹을 딴다.)

B 손자덩굴 (새끼덩굴과 같은 방법으로 싹을 딴다.)

C 두마디가 생길때 이파리 셋을 남기고 싹을 딴다

D 암꽃이 생기거든 그 위에 이파리 한장을 남기고 싹을 딴다.(잎이 2장된다.)

E 5마디까지 새끼 덩굴을 딴다.

7. 웃거름 주기

오이는 비료를 많이 흡수하므로 화학비료를 추가해 준다. 골을 파서 1m에 한 줌씩 주되, 뿌리에 너무 가깝게 주지 않도록 조심한다. 처음 웃거름 이후에도 몇 차례 반복해서 주는 것이 오이의 생장에 효과적이다.

웃거름은 처음에는 14일마다 주고, 열매가 열리기 시작하면 10일마다 주고, 수확이 잦아지면 7일마다 준다.

이랑과 이랑 사이 통로에 화학비료를 흩뿌리는 것인데, 일부러 고랑을 팔 필요는 없다. 고랑을 파면서 자칫 땅 속에 뻗은 뿌리를 상하게 할 수 있기 때문이다.

잎이 어쩐지 힘이 없어 보일 때 웃거름을 주어서는 이미 때는 늦는다.

중간중간에 황산칼리 같은 칼리비료를 질소비료에 조금씩 섞어서 준다. 열매가

굽어지거나 끝만 둥글게 굵어지는 것은 칼리비료가 부족해서 생기는 현상이다.

8. 모로오이 수확

오이의 암꽃과 수꽃은 모양이 다르다. 꽃의 윗부분에 가늘고 긴 열매가 있는 것이 암꽃이다. 암꽃이 피어서 바로 열매가 맺힌 것이 '꽃봉오이'이다. 암꽃이 핀 지 7~10일 후에 손가락만한 크기로 자란 꽃봉오이를 '모로오이'라고 하며 수확할 수 있다. 이 모로오이를 빨리 따주어야 본 수확을 충실하게 할 수 있다.

9. 본 수확

6월 중순부터 본격적으로 수확이 가능하다. 열매 길이가 20~25㎝, 무게가 100g 정도가 수확의 적기이다.

10. 수확요령

오이는 열매 크기가 어느 정도일 때 따는
가에 따라서 수확량이 달라진다. 처음에 열
매가 굵어지기 시작할 때는 힘이 약하다.
그렇다고 첫 열매가 굵어질 때를 기다렸다
가는 성장이 멈출 수 있다. 그러므로 처음
의 '모로오이'가 아직 작을 때 그것을 따
주면 오이 그루가 활기를 띠기 시작한다.
그래서 오이 그루터기에 힘이 생기게 되었
을 때, 보통 크기의 열매를 따기 시작하면
오래 수확할 수 있다. 여름 내내, 30~40일
동안 수확이 가능하다.

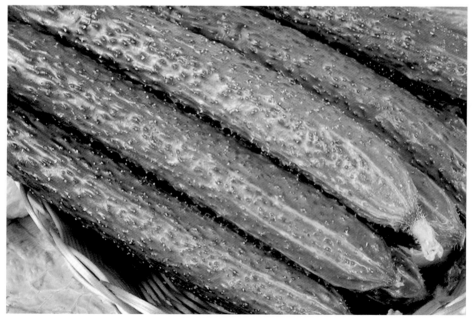

여름오이 키우기

오이는 시기에 따라 봄오이, 여름오이, 철이 없는 오이로 나뉜다. 봄오이는 서리가 안 내릴 때 심는 것이어서, 주말농장의 채소 재배로서는 4~5월에 씨를 뿌리는 여름오이가 알맞다. 여름오이도 묘를 사다가 기르는 방법이 있으나, 역시 씨를 뿌려 가꾸는 편이 훨씬 키우기 쉽다.

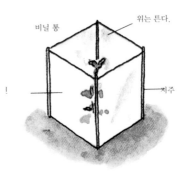

여름오이 묘 보호하기

핫캡은 비닐을 소독저 같은 것으로 받쳐서 둘레를 흙으로 누르듯 묘 위에 씌우는 것인데, 이것은 보온과 벌레 방지를 위해서이다. 단지 내부 온도가 너무 높아지지 않게 위에 구멍을 뚫어서 온도를 조절해 줄 것이며, 핫캡 가득 묘가 자랄 때까지 씌운 채로 둔다.

오이 재배 성공 포인트

오이는 병충해를 입기 쉬운 작물이며, 대개 병충해는 장마 때 생긴다. 병해를 입고서 손을 써 봐야 효과를 얻기 힘들다. 따라서 묘가 작을 때 7~10일마다 약재를 뿌리기 시작해서 수확 전까지 계속 뿌려 준다.

오이의 병충해—베토병

잎 뒤가 가죽을 한 번 벗긴 것처럼 여러 가지 모양의 황색을 띠게 되는 병으로, 그대로 놔두면 말라 죽게 된다. 장마 때 잘 발생하며, 대책으로는 비 오기 전후에 약재를 잎 뒤에 뿌려 준다.

오이 용기재배

오이는 병충해가 만만치 않은 채소이지만, 가까이서 관리하면 어려운 일도 아니다. 수확기가 되면 일주일 사이에 부쩍 커버리기 때문에, 손 가까이에서 재배하는 것이 좋다. 햇빛이 잘 들고 물도 잘 줄 수 있는 곳이면 어느 곳에서든 재배를 할 수 있다.

재배법

1. 씨앗 심기

오이씨는 손가락으로 집어서 심을 수 있다. 4월 초순에 파종한다.

흙에 넉넉히 물을 주고 손가락으로 구멍을 판다. 깊이는 5cm, 구멍 간 간격은 40cm 정도로 한다. 한 구멍에 세 개의 씨를 넣어 준 후, 흙을 덮고 물을 넉넉히 준다.

2. 싹틔우기

씨를 뿌린 뒤 4~5일이 지나면 싹이 튼다. 이때 25~30℃가 적온이다. 첫 잎이 나오면 다시 물을 준다.

며칠이 지나면 둘레가 톱니바퀴처럼 까칠까칠한 본 잎이 돋아난다.

3. 솎아내기

한 군데에 여러 개의 싹이 트면 한 그루씩만 남기고 작은 묘를 솎아낸다.

4. 지주 세우기

오이는 물을 좋아하기 때문에 건조해지지 않게 조심한다. 줄기가 커지면 지주를 세워서 받쳐 줘야 한다.

덩굴 스스로는 지주에 붙지 않으므로, 끈이나 테이프를 이용해서 지주에 묶어 준다.

5. 꽃과 열매

꽃부리에 가늘고 긴 열매가 달린 것이 암꽃이다. 이것이 오이가 된다. 암꽃이 떨어지면 열매가 모양을 잡아 자라기 시작한다.

6. 수확

암꽃이 핀 뒤 2~3주가 되면 수확이 가능한데, 대개 6월 하순경부터 수확한다. 열매가 크기 시작하면 잠깐 사이에 커지므로, 너무 커지기 전에 따도록 한다. 성숙한 것부터 따낸다. 열매는 계속 열리고 커간다.

7. 덩굴 정리

오이가 자라면서 덩굴은 서로 엉켜 뻗어나간다. 이때 지주를 세워서 덩굴이 뻗어 올라가도록 해주어야 한다. 베란다에서 용기재배할 경우에는 베란다 창문이나 벽을 통해 덩굴이 뻗어가도록 끈으로 묶어 유도해 준다.

여름오이는 씨로 가꾸는 것이 좋다. 하지만 묘를 사다 심을 수도 있다. 씨를 뿌릴 때가 아직 추워 집에서 씨로 묘를 가꾸기 어려울 경우에는, 따듯해진 후에 묘를 사다가 여름오이를 재배할 수 있다.

봄오이는 4월 중순~5월 중순이 심기에 적기이고 수확은 5월 하순~7월 중순이며, 가을오이는 6월~7월에 심고 9월~10월에 수확한다.

1. 묘 준비
줄기가 굵고 마디와 마디 사이가 짧은 것을 고른다.

2. 옮겨심기
뿌리가 상하지 않게 포트를 거꾸로 해서 쏟아내듯 꺼낸다.

재배 용기의 흙에 구멍을 만들어서 묘를 넣고, 둘레에 흙을 덮고 고른다. 묘와 묘 간격은 40cm를 유지한다.

3. 이후
그 외 자라면서 지주를 세우거나 손질하는 방법은 씨를 뿌려 가꿀 때와 똑같다.

호박 Pumpkin

Cucurbita spp

일반

❶ 원산지_열대 및 남아메리카

❷ 분류_과채류

❸ 생태_1년초

❹ 전초외양_덩굴형

❺ 전초높이_덩굴성. 환경에 따라 다르다.

❻ 영양분_비타민 A, B, C, 전분 등

한국에서 재배하는 호박은 중앙 아메리카 또는 멕시코 남부의 열대 아메리카 원산의 동양계 호박, 남아메리카 원산의 서양계 호박, 멕시코 북부와 북아메리카 원산의 페포계 호박의 3종이다. 이 중 '조선호박'으로 불리는 동양계 호박은, 예로부터 애호박이라 하여 각광받는 요리에 이용되었다. 최근에는 '쪄먹는 호박'으로 불리는 단호박, '서양애호박'으로 불리는 주키니 등 서양계 호박이 도입되었다.

촉성 재배는 2월~4월, 반 촉성 재배는 4월~6월, 조숙 재배는 5월~7월, 억제 재배는 11월~1월, 보통 재배는 6월~8월에 진행된다.

가을철에 늦게 수확하면 2월까지 저장이 가능하다. 호박은 과채류 중 열매가 가장 크다. 큰 것은 50kg 정도까지 자라는 것도 있다.

동양계-조선호박

서양계-단호박

페포계-주키니

성분과 특성

호박 성분은 전분과 당분, 비타민 A, C가 많고 짙은 노란색일수록 비타민 A가 많다.

씨앗에는 단백질과 지방이 풍부하다. 어린 호박은 채소용으로 이용하거나 썰어 건조시켜 먹는다. 익은 호박은 엿, 떡, 부침, 볶음, 찜 등의 요리에 이용되고 서양요리에는 가는 채에 걸러 수프나 파이에 이용된다.

칼로틴의 흡수를 돕기 위해 기름으로 조리하는 것이 좋다. 호박은 잘 익은 것일수록 단맛이 강해지는데, 이유는 당분이 늘어나기 때문이다.

위가 약하고 마른 사람, 회복기 환자, 임산부의 부기를 빼는 데 효과가 있으며 전신부종, 임신부종, 천식으로 인한 부종 등에 좋다. 특히 늙은 호박으로 만든 한통(엿기름을 우려낸 물), 생강 등으로 만든 호박 식혜는 천식으로 인한 병에 좋다. 당뇨, 고혈압, 전립선 비대에 효과가 높고, 특히 호박에는 레시틴이라는 비타민 C가 많아 발암물질을 억제하며 야맹증, 각막건조증에 효과가 있다.

재배법

1. 준비

씨를 뿌리기 전에 밭을 잘 갈고서 직경 30~40㎝, 깊이 30㎝ 정도의 구멍을 판다. 그 속에 퇴비 300g, 용린 60g, 황산칼리 20g을 넣어서 흙으로 덮고 그 위에 화학비료 1㎡당 30g을 뿌려 갈아 주고서 가운데가 높아지도록 둥글게 쌓아 준다. 이렇게 동산처럼 만드는 까닭은 물이 잘 빠지게 하여 호박이 잘 자라게 하기 위한 것이다. 호박은 원래 가물어도 잘 자라는 채소지만, 습기가 많으면 병에 걸리기 쉽고 열매도 부실해지기 쉽다.

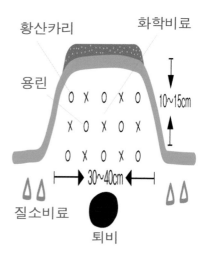

2. 씨뿌리기

4월 초순에 씨를 뿌린다. 너무 늦게 심으면 병에 잘 걸린다. 씨는 4~5개를 수평으로 뉘여서 심고, 흙을 2~3㎝ 두께로 덮는다. 그 위에 모래를 흙이 안 보일 만큼 덮고, 물을 넉넉히 준다. 여러 개를 심을 때는 구멍과 구멍 사이에 40~50㎝ 간격을 둔다.

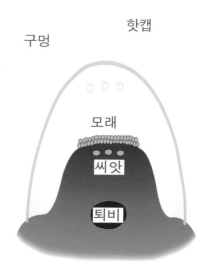

3. 핫캡 씌우기

씨뿌리기가 끝나면 비닐 천으로 씌운다. 이 핫캡은 보온 상태를 유지해 주어 싹트기를 도우며 병충해를 막아 준다.

4. 싹틔우기

씨를 뿌리고 4~5일이 지나면 싹이 튼다. 호박은 잎이 크기 때문에 4~5장이 되면 핫캡 속에 가득 차 버리는데 이때는 위쪽을 터 놓고, 네 방향에 소독저 같은 막대를 세워서 비닐로 둘러 준다.

5. 솎아주기

잎이 5~6장이 되면, 한 군데에 한 그루만 남도록 작은 묘를 뽑아 버린다.

6. 웃거름

덩굴이 너무 뻗어서 세력이 강해지면 꽃이 떨어지기 쉽고, 열매를 잘 맺지 않는다. 열매가 열어서 착과할 때까지는 질소비료를 삼가고, 착과가 잘 안 될 때는 그루터기에서 약간 떨어진 곳에 골을 파서 칼리비료를 가볍게 한 줌 정도 뿌려 준다.

7. 수분 또는 인공수분

암꽃은 꽃잎 밑이 둥근 공 모양이다. 수꽃의 꽃가루가 암꽃에 묻어서 열매가 달린다. 이 수분(受粉)이 잘 안 될 때는 사람의 손으로 인공수분을 해준다. 수꽃이 오래 되면 화분이 있어도 수분 능력이 없어진다. 암꽃은 꽃이 피어서 2~3일은 수분이 가능하다. 그래서 아침 일찍 수꽃을 꺾어서 암꽃 끝에 가볍게 비벼 준다.

8. 수확

개화 후 30~40일이 지나면 수확할 수 있다. 호박 겉이 녹색에서 황록색에 가까워지고 하얀 가루가 나타나면 수확할 적기이다. 늙은 호박을 얻으려면 가을까지 그대로 둔다.

호박 재배 성공 포인트

열매가 맺기까지 질소비료는 적게 준다. 밑거름에 질소비료를 너무 많이 주면, 줄기나 잎이 무성해져서 열매를 덜 맺는다. 열매가 열리고 커진 다음에 질소비료를 웃거름으로 주면 좋다.

호박의 병충해—흰가루병

잎이나 줄기에 밀가루 같은 흰가루가 나타나는 병으로서 장마가 끝난 후 더워질 때 잘 걸린다. 장마가 걷히기 전부터 방제약을 뿌려 예방한다.

서양계-'단호박'의 성장과정

호박 용기재배

호박은 가뭄에도 잘 자라는 채소이므로, 흙이 마르기 쉬운 용기라도 재배가 가능하다. 특히 열매가 작은 애호박 같은 것은 빠른 시간에 수확을 많이 할 수 있다. 비료도 밑거름 한 번만으로 충분하다. 너무 많이 주면 덩굴만 무성해지고 열매를 맺지 못하므로 주의해야 한다.

재배법

1. 씨 심기

호박씨는 다루기가 쉽다. 4월 상순이 씨 심기에 알맞다. 물이 잘 빠지는 흙을 담고 넉넉히 물을 준 후, 손가락으로 구멍을 깊이 1~2cm쯤 판 다음 두 개씩 씨를 넣는다.

2. 싹틔우기

씨를 뿌리고 4~5일이 지나면 싹이 튼다. 이때 다시 물을 준다. 싹이 트고 곧 첫 본잎이 다시 돋아난다.

3. 솎아주기

한 구멍에서 여러 개의 싹이 나오면 작은 묘는 뽑아내고, 한 구멍에 한 그루씩만 남겨서 키운다.

4. 묘 키우기

묘를 키울 때는 양지바른 데서 키우고 흙이 마르면 넉넉히 물을 준다. 잎이 5~6장이 되면 서로 엉키지 않게 적당히 잘라 준다.

5. 가꾸기

호박은 수분이 너무 많으면 약해지므로, 흙이 마를 때마다 물을 주는 것이 좋다. 호박 덩굴은 그대로 두면 너무 뻗어 나간다. 그대로 땅에 뻗어가도록 둘 수도 있지만, 햇빛의 반사가 있으므로 땅에서 떨어지게 하여 햇빛의 반사를 줄여 준다.

6. 지주 세우기

길이 1m 정도 되는 지주를 3개쯤 마련해서 뿌리에 닿지 않도록 용기 가장자리에 세운다. 끈으로 위쪽 덩굴을 지주에 느슨하게 묶어 준다. 덩굴이 자라고 줄기도 많이 뻗었으면 줄기도 지주에 묶어 주며 통풍이 잘되도록 정리해준다.

7. 꽃피우기

씨를 뿌리고 2개월쯤 지나면 노란색의 꽃이 핀다. 먼저 수꽃이 피고 다음에 암꽃이 핀다. 암꽃은 꽃 밑에 둥근 공 모양의 어린 호박이 달려 있고, 이것이 없는 것은 수꽃이다.

8. 수분

암꽃에 수꽃이 수분(受粉)하면 어린 호박은
점점 커가서 점점 호박 모양이 되어간다.

9. 수확

꽃이 피고 30~40일이 지나면 수확하게 된
다. 열매 표면의 녹색이 점점 엷어져서 녹
색에서 황록색이 약간 섞여가면서 하얀 가
루가 나타나면 수확할 때가 된 것이므로,
가위로 절단해서 수확한다. 수확한 호박은
곧 먹을 수도 있고, 잘 익은 것은 5~6개월
쯤 보관해서 먹을 수도 있다.

옥수수 Corn

Zea may L.

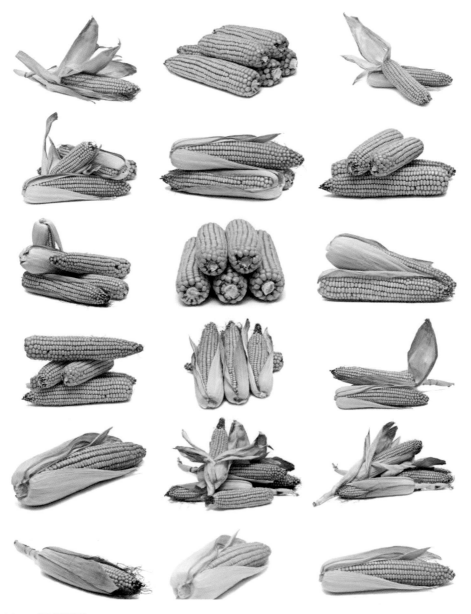

❶ 원산지_멕시코, 남아메리카 북부

❷ 분류_과채류

❸ 생태_1년초

❹ 전초외양_직립형

❺ 전초높이_1~3m

❻ 영양분_단백질, 지방, 비타민 A, E 등

옥수수는 쌀, 밀과 함께 세계 3대 주요 곡식의 하나이다. 원산지는 멕시코에서 남아메리카 북부라고 하나, 그 원종이 아직까지 명확하지 않다. 하지만 적어도 수천 년 전부터 주요 작물로서 남아메리카 대륙에서 널리 재배되었다. 1492년 콜럼버스가 옥수수 재배하는 것을 보고 종자를 에스파냐로 가지고 돌아간 후부터 30년 동안에 전 유럽에 전파되었으며, 그 후 인도나 중국에도 16세기 초에는 널리 퍼졌다. 우리나라에는 16세기에 중국에서 전래된 것으로 알려져 있다. 중국음의 '위수수(玉蜀黍[yùshǔshǔ])'에서 유래하여, 우리식 발음인 옥수수가 되었다. 지방에 따라서 강냉이, 옥시기 등으로 예부터 불려오고 있다. 알맹이 색은 백, 황, 자, 갈색 등 종류가 많다.

성분과 특성

옥수수 성분의 70%는 탄수화물이며, 단백질은 8%, 지방 4%, 비타민 A와 E가 많이 포함되어 있는데 비타민 E는 노화된 간장 세포를 재생시키기도 한다. 소화율은 삶거나 구우면 30% 정도인 반면, 가루로 섭취할 경우 80~90%로 높아진다.

별도의 단백질을 먹지 않고 옥수수만 먹으면 필수아미노산인 트리토판, 리신, 비타민 B 복합체가 거의 없기 때문에 발육이 부진하고 성장이 멎는 펠라그라(pellagra)에 걸리기 쉽다. 이것을 방지하기 위해 우유, 생선, 채소와 혼식해서 옥수수에 부족한 아미노산, 칼슘, 비타민 등을 보충해야 한다.

옥수수차는 오래 전부터 강원도 특산품으로 널리 애용되고 있다.

빵, 죽, 술, 엿, 범벅, 떡, 올챙이묵 등에 이용되고 있다.

또한 옥수수를 다져서 계란, 밀가루, 이스트로 반죽해서 기름에 둥글게 튀겨내는 옥수수탕으로도 요리된다. 삶아서 먹으면 여름철 간식으로 제격이다.

재배법

1. 복토覆土

씨를 뿌리기 2주일 전에 밭 전체에 1㎡당 고토석회 200g, 용린 150g을 뿌려서 깊게 갈아 섞어 놓는다.

2. 밑거름

씨를 뿌리기 일주일 전에 화학비료를 1㎡당 80g을 골고루 뿌리고 흙을 덮는다.

3. 이랑 만들기

흙을 폭 60㎝, 높이 10㎝로 돋우어 이랑을 만든다.

이랑 위에 비닐을 깔고 양끝을 흙으로 누른다. 이것을 비닐필름 덮기라고 하는데, 비닐필름 위에 직경 5~6㎝의 구멍을 뚫는다. 구멍과 구멍의 사이는 40㎝ 정도 간격을 유지한다.

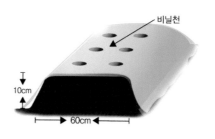

4. 씨뿌리기

구멍에 물을 넉넉히 주고, 씨를 5~6개씩 넣는다. 흙을 가볍게 누르듯 하면서 2~3㎝ 두께로 흙을 덮는다.

5. 솎아주기

씨를 뿌린 뒤 4~5일이 지난 다음 잎이 5~6장이 되면, 잘 자란 묘를 두 개만 남기고 나머지는 뽑아 버린다. 남은 묘에 흙을 북돋아 주어 쓰러지지 않게 해준다.

6. 곁눈 뽑아주기

높이 30cm 정도 되면 뿌리에서 1~2개의 싹이 돋아 나오는데, 이 곁눈은 뽑아 버리고 원 줄기 그루만 남긴다.

곁눈 뽑기는 일찍 하지 않으면 본 그루가 커지지 않으며, 옆 그루의 잎과 서로 닿아서 통풍이 나빠진다. 곁눈을 뽑을 때는 본 그루의 줄기를 단단히 잡고 뽑아야만 뿌리째 뽑히지 않는다. 곁눈이 뽑아지거든, 그루 뿌리 부분에 흙을 돋워 주어서 흔들리지 않게 한다.

7. 웃거름

옥수수는 비료를 많이 흡수하기 때문에, 그루가 굵어지기 전에 비료를 추가해 준다. 웃거름은 화학비료로 이랑의 양쪽에 살짝 뿌려 준다.

그루가 굵어진 다음에 웃거름을 주면 열매가 잘 여물지 않게 되므로, 웃거름은 일찍 주는 것이 좋다. 잎의 빛깔이 진해지지 않거나 아래쪽 잎이 노랗게 되거든 빨리 웃거름을 주어야 한다.

웃거름을 줄 때 비닐덮개를 모두 벗길 필요는 없다. 비료는 그루에서 30~50cm 떨어진 곳의 이랑 양쪽에 주면 된다. 옥수수 뿌리는 그루 높이 이상으로 뻗는다. 가령 줄기 그루의 높이가 30cm면, 뿌리는 40cm를 뻗었다고 생각하고 웃거름 양을 가늠하면 된다.

8. 수분과 결실

7~8월이 되면 줄기의 끝에 수꽃이 돋아 나온다. 며칠 지나면 잎 밑 부분에서 암꽃이 나온다. 암꽃의 끝에 수염 같은 명주실이 나온다. 그 실의 수만큼 알이 생긴다.

수꽃은 억새꽃 이삭처럼 피고, 황갈색의 꽃가루가 날린다. 암꽃의 수염 같은 명주실에 수분이 닿으면 열매가 생긴다. 이것을 결실이라고 한다.

하나의 그루에서 수꽃은 암꽃보다 먼저 피며 화분을 날리고 나면 시들어 버리기 때문에, 암꽃이 피어 있지 않고는 수분이 잘 안 된다. 단지 다른 그루에 암꽃이 피어 있으면 이쪽 수꽃의 화분이 날아가서 수분이 되기 때문에 문제가 없다. 그래서 옥수수는 한 그루만 키우면 열매를 맺지 못할 수가 있다. 따라서 여러 그루를 키우는 것이 좋다.

9. 수확

열매는 한 그루에 하나만 남기고 아래쪽의 작은 열매는 일찍 따 버린다. 옥수수수염은 처음에 흰색이지만 초록색, 연한 갈색, 갈색의 순으로 변해 간다. 갈색으로 변하고 마르기 시작하면 이때가 옥수수 수확 적기이다.

옥수수는 수확 후 시간이 지나면서 당분이 전분으로 바뀐다. 따라서 수확 후 6시간 이내에 요리를 해 먹으면, 당분이 많아 맛이 제일 좋다.

키우기

따버리기

옥수수의 한방요법

옥수수수염은 한방에서 신장염과 당뇨병에 효능이 인정되었다. 옥수수차는 고혈압에 좋고 소화를 도와주며 피로회복에도 좋다. 옥수수 배아 부분에는 고급 불포화 지방산이 많아 당뇨병이나 고혈압에 좋고, 노화방지와 불임 예방에도 탁월한 효능을 발휘한다. 암을 예방하는 프로테아제 저해 물질을 고농도로 함유하고 있다. 밀가루 전분보다 옥수수 전분을 섭취한 사람이 충치 비율이 낮다.

옥수수수염의 한방요법

옥발(玉髮)이라고 하는 옥수수수염은 산후 부종 및 자고 난 후의 얼굴부종과 종아리 부종, 소화불량에 효과가 있다.

즉, 옥수수수염은 여러 기관 중 신장과 위 기능이 약한 사람이 먹게 되면 이들 기능을 튼튼하게 해주는 것은 물론, 몸을 날씬하게 하는 다이어트 효과도 있다.

옥수수수염을 차(茶)로 꾸준히 마시면 음주 후 숙취로부터 빨리 회복하는 효과도 얻을 수도 있다.

강낭콩 Kidney bean

Lycopersicon esculentum Mill

❶ 원산지_열대 아메리카

❷ 분류_과채류

❸ 생태_1년초

❹ 전초외양_덩굴형, 직립형

❺ 전초높이_1.5~2m

❻ 영양분_비타민 B1, B2, B6 등

여름에 백색, 황갈색, 흑색의 씨가 여문다.

강낭콩은 비타민 B1, B2, B6가 많아서 쌀밥을 주식으로 하는 한국인에게는 탄수화물 대사를 순조롭게 해주는 매우 좋은 식품이다. 말린 것과 깍지 달린 미숙한 것을 식용한다. 강낭콩의 단백질은 필수아미노산이 많아, 쌀이나

보리와 함께 섭취하면 단백가를 올릴 수 있다.

강낭콩에는 일종의 청산배당체가 들어 있는데, 이것이 분해되면 청산이 생긴다. 이 청산 함량은 종류에 따라 다르지만 보통 0.005% 내외여서 별로 문제되지 않으나, 라이아콩이나 버마콩에는 많기 때문에 독을 제거하지 않고 먹으면 식중독을 일으키게 된다.

주로 조림, 앙금, 양갱 등의 요리에 사용한다.

강낭콩은 열매를 거두는 채소 중에서 재배하기 쉬운 것 중 하나다. 30~60일 이라는 짧은 기간에 수확할 수 있다.

강낭콩에는 덩굴이 뻗는 것과 덩굴이 없는 품종이 있는데, 품종에 따라 재배법도 달라진다. 덩굴 없는 쪽이 키우기 쉬우므로, 주말농장이나 용기에 키울 때는 덩굴 없는 품종을 권장한다. 덩굴 있는 품종은 반드시 지주를 세워야 하므로 장소를 넓게 차지하는 단점이 있지만, 수확량은 덩굴 없는 품종보다 훨씬 많다.

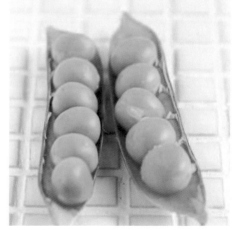

재배법

1. 복토覆土

강낭콩은 산성토에는 잘 자라지 않으므로 씨를 뿌리기 2주일 전에 1㎡당 고토석회 150g, 용린 100g을 뿌려서 잘 갈아둔다.

2. 밑거름

파종 1주일 전에 화학비료 1㎡당 60g을 밭 전체에 뿌리고, 흙을 잘 빻으면서 갈아엎는다.

강낭콩은 씨를 뿌릴 때 씨 가까이에 유기비료를 뿌리면, 쉬파리가 알을 까놓아서 그 유충이 씨를 갉아먹어 버리기 때문에 싹이 트지 않을 수 있다.

씨를 뿌릴 때는 유기비료를 피하고 화학비료를 섞어서 뿌리고 난 다음, 흙 위에 풀이나 나무재를 모래 같은 것으로 엷게 덮어 주면 싹이 잘 튼다.

3. 이랑 만들기

70㎝ 간격으로 고랑을 파서 퇴비를 고랑 길이 1m당 500g을 넣는다.

이 고랑에 흙을 덮어 주면서 폭 60㎝, 높이 9㎝의 이랑을 만든다.

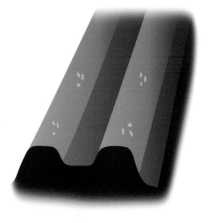

4. 씨를 뿌리기

이랑에 깊이 5~6㎝의 고랑을 두 줄로 만든다. 고랑과 고랑의 간격은 40㎝로 만든다. 고랑 속에 물을 넉넉히 주고 씨를 3~4개씩, 30㎝ 간격으로 심고 흙을 3㎝ 정도 높이로 덮어 준다.

5. 솎아주기

씨를 뿌리고 2~3일이 지나면 싹이 튼다. 이파리가 2~3장이 되면 작은 묘는 뽑아 버리고, 한 군데에 한 그루의 묘만 남긴다. 뽑고 나서 뿌리 둘레의 흙을 다져 준다.

6. 수확

씨를 뿌리고 50~60일이 지나면 한꺼번에 꽃이 피기 시작하며, 열매 모습이 보인다.

콩깍지가 부드러울 때 잘 익은 열매를 수확한다. 늦으면 열매가 딱딱해질 수 있으므로, 수확 시기를 놓치지 말아야 한다.

강낭콩 용기재배

덩굴 없는 강낭콩은 용기에 재배할 수 있다. 그릇 깊이는 20cm 이상의 것을 준비한다. 흙은 시판되는 배양토, 부엽토, 버미큐라이트를 6대 3대 1로 배합한다. 이 배합토 10ℓ에 화학비료 10g, 고토석회 10g을 밑거름으로 섞어 준다. 키우면서 흙이 마르면 물을 넉넉히 준다.

완두콩 Pea

Pisum sativum

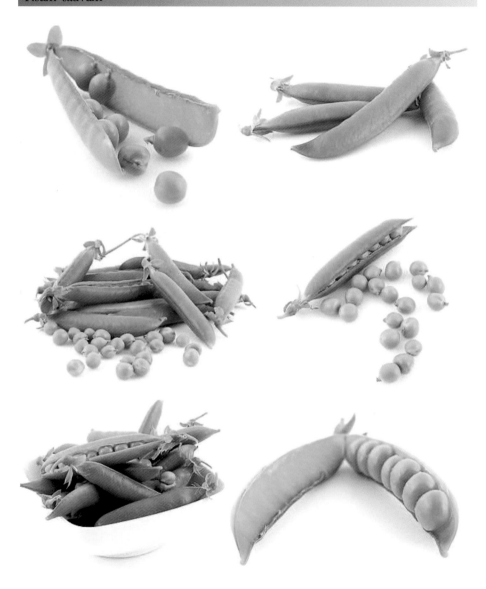

❶ 원산지_지중해 연안

❷ 분류_과채류

❸ 생태_1~2년초

❹ 전초외양_덩굴형

❺ 전초높이_약 2m

❻ 영양분_탄수화물, 단백질, 비타민 등

콩과에 딸린 한해살이 또는 두해살이 식물이다. 원산지는 지중해 연안으로 고대부터 재배되었으며, 멘델이 실험에 이용한 것으로 유명하다.

높이 2m 정도이고 잎은 겹잎이며, 잎 끝은 덩굴손으로 되어 지주를 감아 올라가면서 자란다. 꽃은 흰색·붉은색·자주색 등이며 늦은 봄에 핀다. 꼬투리에는 5~6개의 종자가 들어 있다.

완두의 씨알은 탄수화물이 주성분이며 단백질도 많고, 어린 꼬투리에는 비타민도 풍부하다. 팥이나 강낭콩처럼 밥에 넣어 먹거나 떡·과자의 고물로도 이용된다. 밥에 섞어 먹는 외에 튀겨 먹거나 찌개에 넣어 먹는다. 성숙하기 전의 푸른 씨알은 통조림으로, 어린 꼬투리는 채소로, 잎·줄기는 가축의 사료로 이용한다.

1. 묘 고르기

가을에 묘를 심는데, 이파리가 크고 색이 좋은 묘를 고른다.

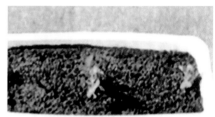

2. 묘 심기

깊이와 높이가 20㎝ 이상 되는 용기에 3~4개의 묘를 심는다. 심고 나서 물을 넉넉히 주고, 2~3일 동안 그늘에 둔다.

3. 묘 키우기

묘가 싹이 돋아나 자라면, 햇빛이 잘 들고 바람이 강하지 않은 곳에 옮겨 준다. 완두콩은 겨울을 건너서 봄에 수확한다. 겨울 동안은 그다지 많이 자라지 않지만, 흙 표면이 마르면 물을 넉넉히 준다. 봄이 되면 갑자기 덩굴이 뻗으므로, 지주를 세워 준다.

지주를 3~4개 세워서 가로로 끈을 이어 묶어 주면, 덩굴은 지주나 끈에 제대로 엉키게 된다.

그루의 위쪽에만 햇빛이 쪼이면 아래쪽은 햇빛이 들지 않으므로, 위아래의 그루 전체에 햇빛이 들 수 있도록 자리를 조정해 준다.

4. 꽃

사향콩(스위트피) 같은 아름답고 가련한 꽃이 차례차례 피기 시작한다. 꽃이 피기 시작할 즈음에 액체 비료를 준다.

5. 깍지

꽃이 시들면 깍지가 나오기 시작한다. 꽃이 피고 20~30일이면 수확이 가능하다.

6. 수확

수확 시기는 품종에 따라 약간씩 다르다. 깍지를 먹는 청대완두는 열매가 불룩하게 부풀기 전에 따고, 청완두는 깍지에 주름이 생기기 시작하면 따고, 스냅완두는 알맹이가 살찌면 딴다.

잠두콩 Fava beans

Vicia faba

❶ 원산지_지중해 연안

❷ 분류_과채류

❸ 생태_1~2년초

❹ 전초외양_직립형

❺ 전초높이_약 1m

❻ 영양분_단백질, 비타민 B1, B2, C 등

풋콩과 더불어 인기가 좋은 콩이다. 본래 잘 자라는 채소이지만, 그 중에서도 조생종이 키우기 쉽다.

잠두가 잘 자라는 온도는 약 21도~26도인데, 서늘한 계절에는 태양이 내리쬐는 장소에 심고, 무더운 날씨에는 부분적으로 그늘진 곳에 심는다. 보통 서리가 끝난 늦은 봄이나 가을에 심는다.

껍질째 소금물로 살짝 데쳐서 먹기도 하고, 콩은 밥에 섞어도 좋다. 소금 간을 해서 기름에 볶아 먹고, 닭이나 육류 요리에 조금씩 섞어서 먹기도 한다.

1. 복토覆土

잠두콩은 산성토에는 잘 자라지 않기 때문에 씨를 뿌리기 2주일 전에 1㎡당 고토석회 200g, 용린 150g을 뿌려서 흙을 잘 갈아둔다.

2. 밑거름 주기와 이랑 만들기

씨뿌리기 1주일 전에 고랑을 파서 길이 1m당 퇴비 500g, 과인산석회 150g을 잘 섞어서 뿌린다. 파낸 고랑의 흙을 도로 덮고 폭 90㎝, 높이 9㎝의 이랑을 만든다.

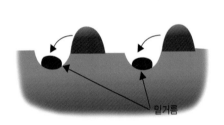

밑거름

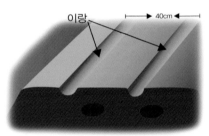

이랑 · 40cm

3. 씨뿌리기

이랑 깊이 5~6㎝의 골을 두 줄로 판다. 골과 골 사이는 40㎝로 하고, 골에 물을 넉넉히 주고 나서 씨를 3~4개, 30㎝ 간격으로 넣고 3㎝쯤 흙으로 덮는다. 주의할 점은 씨에도 위와 아래가 있다는 것이다. 씨를 뿌릴 때 씨의 검은 줄이 있는 부분을 아래로 향하게 심는다. 싹이나 이파리가 모두 이 부분에서 돌아나므로 이렇게 심으면 싹트기, 뿌리돋기를 쉽게 해준다.

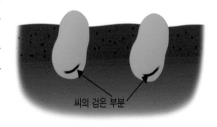

씨의 검은 부분

4. 싹

씨 뿌린 뒤 1주일이면 싹이 튼다. 이 때쯤이 옮겨 심을 수 있는 때이다. 더 커지면 뿌리가 상할 염려가 있어 옮겨 심기 힘들어진다.

5. 솎아주기

이파리가 2~3장이 되면 작은 묘는 뽑아 버리고, 한 군데에 한 그루의 묘만 남긴다. 묘가 쓰러지지 않게 그루 둘레에 흙을 돋우어 준다.

6. 그루 넓히기

햇빛이 충분히 닿지 않으면 꽃이나 깍지가 넉넉히 자리를 잡지 못한다. 그러므로 손으로 그루를 옆으로 밀어 주어 골고루 일광이 쪼이게 해준다. 이때 흙을 뿌리에 돋워 주면서 넓혀 줄 수도 있다.

7. 웃거름

잠두콩은 생육 기간이 길기 때문에, 11월과 1월 사이에 비료를 더해 준다. 이 웃거름에는 인산분이 많은 비료나 황산칼리 같은 칼리 성분이 많은 비료를 1㎡당 한줌씩 뿌려 준다.

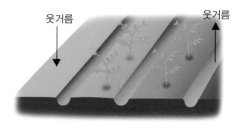

웃거름   웃거름

8. 짚 깔기

12월이 되면 그루터기 둘레에 짚을 깔아서 추위와 건조를 막아 준다. 서리 등으로 인해 그루터기가 솟아오를 수 있으므로, 뿌리 근처를 다져 준다.

9. 꽃

4~5월이 되면 꽃이 핀다. 꽃은 이파리가 돋아나는 부근에서 핀다.

10. 수확

열매가 부풀어 올라서 깍지가 아래로 향하는 때가 수확의 적기이다. 깍지의 등줄이 검게 되고 광택을 띠면 수확해서 먹을 수 있으니, 익은 것부터 손으로 수확한다.

씨뿌리기는 일찍

씨는 추울 때에도 뿌릴 수 있다. 10월~11월까지는 파종해서 줄기와 그루를 튼튼하게 해주어 겨울을 견디게 한다.

햇빛을 좋아하는 잠두콩

꽃은 이파리가 돋은 자리에서 피기 때문에, 햇빛을 골고루 받게 해주면 열매가 잘 열린다.

이랑 폭은 넓게, 그루 사이 간격은 좁게

이랑과 이랑 사이를 넓게 잡고 그루와 그루 사이는 좁게 하면, 그루의 뿌리 부근까지 햇빛이 잘 들고 바람이 잘 통해 잘 자란다.

비료 주기

콩은 근류균(根瘤菌)의 병균이 잘 붙기 때문에 흙에 질소비료 성분이 적고, 인산이나 칼리 성분은 많은 편이 좋다. 질소비료가 너무 많으면 잎이나 줄기만 무성해져서 열매가 적게 열린다. 밑거름, 웃거름에는 질소비료는 적게 주어야 한다. 모든 콩과 식물에 공통적인 상식이다.

대두콩 Soybean 백태, 풋콩

Glycine max Merrill

❶ 원산지_중국

❷ 분류_과채류

❸ 생태_1년초

❹ 전초외양_직립형

❺ 전초높이_약 0.6~0.9m

❻ 영양분_단백질, 지방, 아미노산 등

'밭에서 나는 쇠고기'라고 불릴 만큼 영양이 풍부하다. 풋콩은 콩이 덜 익은 깍지를 수확한 것이다. 영양이 아주 풍부해서 여름철 스테미너 음식으로 이용된다. 줄기는 높이 60~90㎝, 꽃은 백색 또는 자색의 나비 모양이고, 협과(莢果)는 길고 둥근데, 속에 2~3개의 씨가 있다.

씨는 누른빛, 푸른빛, 검은빛의 종류가 있다.

단백질, 지방을 함유하며 필수아미노산이 많아 영양적으로 매우 우수하다. 콩은 18%가 지방으로 이루어져 있는데, 절반 이상이 불포화지방산이다. 비타민 C는 거의 없지만, 콩나물로 기르면 일반 채소처럼 비타민 C가 풍부해진다. 두부, 된장, 간장, 콩기름 등을 만드는 데 이용된다.

밥, 콩탕, 콩엿, 강정, 콩설기, 콩죽, 콩다식, 콩가루부침, 콩자반 등 요리에 이용된다. 여름의 별미인 냉콩국은 영양가도 높고 시원하면서도 배탈이 나지 않는 특징이 있다. 풋콩이 익으면 말린 다음 삶아서 메주를 쑤고, 간장과 된장을 담근다. 콩을 생것으로나 익혀 먹으면 65% 가량밖에 소화되지 않지만 가공한 된장은 80% 이상, 두부는 95% 이상 소화된다.

검은콩은 특히 약효가 좋아 예로부터 신장병 치료에 사용했고, 해독제로 이용했다. 심장병, 동맥경화, 고혈압 등 예방식품으로 많이 이용된다.

민간요법에서는 해열제로 이용했고, 감기에는 콩나물국을, 중풍에는 콩을 삶아 진하게 달여 물엿과 함께 먹었다. 기침이 심할 때 검은콩 삶은 물에 흑설탕을 가미해서 매일 차처럼 마시면 효과가 있다.

1. 복토覆土

씨뿌리기 일주일 전에 밭 1m²당 고토석회 200g, 용린 100g을 뿌리고 뭉친 흙을 비벼 주면서 잘 섞어 놓는다.

2. 밑거름

넓이 70cm의 이랑을 파서 퇴비 1m²당 1kg을 뿌리고, 그 위에 과인산석회 1m²당 100g을 퇴비와 잘 섞어서 흙에 뿌려 준다. 그리고 퇴비 위에 흙을 15cm 이상 덮어 준다.

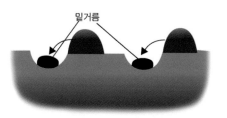

밑거름

3. 씨뿌리기

깊이 5cm 가량의 고랑을 파서 물을 흥건히 주고, 30cm 간격으로 씨를 한 군데에 4~5알씩 넣는다. 씨를 뿌린 사이에 화학비료를 한 줌씩 넣고, 그 위에 흙을 3cm쯤 덮는다. 이때 주의할 것은 까마귀나 꿩 등 여러 가지 새들이 씨를 파먹어 버리므로, 반드시 씨를 뿌린 뒤 엷은 천이나 그물 같은 것으로 덮어 준다.

4. 싹

씨 뿌린 뒤 약 1주일쯤 후에 싹이 튼다. 둥근 이파리가 돋아나면 새를 쫓느라 덮어둔 엷은 천이나 그물을 걷어 준다.

5. 솎아주기

잎이 2~3개가 나오면 작은 묘는 솎아 버리고, 한 군데에 한 그루의 묘만 남긴다. 솎은 다음에는 반드시 뿌리 근처의 흙을 모아 다져 주어서 묘가 바람에 안 쓰러지게 해준다.

6. 적심

이파리가 4~5개쯤 되면 그루의 끝을 꺾어 준다. 이것을 적심이라고 한다. 이렇게 하면 그루가 너무 높이 자라지 않아 콩 그루가 단단해지고, 곁가지가 여럿 생겨서 열매가 많이 열린다.

7. 꽃

6월쯤 되면 희고 작은 꽃이 핀다. 곧 꽃이 지고 콩집이 생긴다.

8. 수확

씨 뿌린 후 60~70일이 되면 콩집이 불룩해진다. 손가락으로 눌렀을 때 속의 열매가 나올 듯하면 바로 수확할 때이다. 깍지 속의 콩 크기가 비슷해지면, 땅에 심은 그루째 뽑아서 수확한다. 너무 늦어지면 콩알이 딱딱해지므로 조심한다.

대두콩 재배 성공 포인트

품종과 시기

콩은 기간의 길이에 따라 조생, 중생, 만생종 등 품종이 있다. 될수록 조생종(4~5월)은 이른 시기에 씨를 뿌리는 것이 좋다.

여름의 고온기가 되면 꽃이 곧잘 떨어지고, 탄저병이나 해충도 잘 생긴다. 또 풀이 무성하고 수확량이 적다. 조생종으로 더운 여름에 일찍 수확되도록 재배하는 것이 좋다.

풋콩 여물기

꽃이 피어도 풋콩이 잘 열리지 않을 때가 있다. 몇 가지 이유가 있다.

우선 햇빛이 잘 안 들거나 질소비료가 너무 많아 꽃이 잘 떨어져 버리고, 해충이 많을 때도 콩집은 생기지만 알맹이가 굵어지지 않는다. 결국 풋콩은 양지바른 곳에서 재배하고, 일찍 가꾸어 일찍 수확하는 것이 재배 성공의 포인트이다.

대두콩 병충해 방제

탄저병

늦게 파종해서 장마 후에 꽃이 피면 열매가 열리지 않는 경우가 있다. 원인은 탄저병인 경우가 많다. 조생종을 심어 빨리 수확하는 것이 좋다.

풍뎅이

풍뎅이 유충이 이파리를 갉아 먹는다. 더울 때 잘 생기므로, 이른 시기에 수확할 수 있게 한다.

쉬파리

씨 뿌릴 때 찌꺼기 등의 유기비료를 종자 가까이에 뿌리면, 쉬파리의 일종이 날아와서 알을 까놓아 싹이 안 트는 경우가 있다. 씨 뿌릴 때 방충그물로 덮으면 예방할 수 있다.

수박 Watermelon

Citrullus vulgaris SCHRADER

❶ 원산지_열대아프리카

❷ 분류_과채류

❸ 생태_1년초

❹ 전초외양_덩굴형

❺ 전초길이_약 2m

❻ 영양분_칼륨이 풍부한 알칼리성 식품

한자어로는 서과(西瓜) 수과(水瓜)라 한다. 원줄기가 지상으로 뻗으면서 자라는데, 전체에 백색 털이 있고 마디에 덩굴손이 있다. 잎은 난형 또는 난상 긴 타원형이며, 길이 10~18㎝로서 불규칙한 톱니가 있다. 꽃은 1가화로 5~6월에 연한 황색으로 핀다. 열매는 살과 물이 많으며, 원형 또는 타원형이다. 겉의 색은 여러 가지이고, 과육은 수분이 많아 달며 적색이지만 황색 또는 백색인 것도 있다.

원산지는 열대아프리카로 추정되는데, 고대이집트에서도 재배하였다. 중국에는 900년경에 전래되었고, 우리나라에는 고려 때 도입된 것으로 추정된다. 국내 밭수박 산지는 고창이다. 품종에 따라 외피의 색깔, 두께, 무늬, 종자 수, 과육의 색, 과실의 크기, 모양 등에 차이가 있다.

수분 91%, 단백질 0.7%, 당질 7.9%, 비타민 A와 C가 많고 칼륨도 함유되어 있다. 수박의 당분은 과당으로 저온일수록 감미가 증가한다. 또 식염을 소량 첨가하면 맛의 상응효과에 의해 감미가 증가한다.

수박은 껍질이 많아, 먹을 수 있는 부분이 60%이다. 열량은 100g당 21㎉이다. 90%가 수분이므로 영양소나 비타민류는 거의 없지만 이뇨작용과 관계 있는 아미노산의 일종인 시트룰린이 많고, 씨에는 단백질과 지방이 많다. 시트룰린의 작용으로 해열, 해독 기능이 있으며 햇빛을 받아 일사병이 들 때 수박을 먹으면 좋다.

씨 없는 수박은 단맛이 강하고 보존성이 좋으며 내온성이 강한 장점이 있다. 반면 재배할 때 일손이 많이 가고, 토지가 건조하면 잘 자라지 못하며 연작이 안 되는 단점이 있다. 수박의 당분은 과육의 중심부에 바깥 부분보다 약 2%가 더 많다.

재배법

1. 밑거름

씨뿌리기 한 달 이상 전에 흙을 갈고서 1m²당 퇴비, 계분(鷄糞), 칼리비료 같은 화학비료를 넉넉히 흙과 잘 섞어 준다.

2. 씨뿌리기

4월 초순이 적기다. 흙을 돋워 거기에 구멍을 내고 씨를 4~5개씩 넣는다. 그 위에 모래를 5㎜ 정도 덮어 주고 물을 넉넉히 준다.

모래

3. 핫캡 씌우기

씨를 뿌린 후 싹이 트기 쉽게 비닐을 덮어 준다. 이것을 핫캡이라고 하는데, 핫캡 꼭대기에는 공기 구멍을 뚫어 준다.

공기구멍

4. 싹

싹이 트기까지는 여러 날이 필요하다. 여러 개 싹이 돋으면, 튼튼한 것 한 그루만 남기고 속아 준다.

5. 적심

돋은 줄기에 이파리가 4~5개 생기면, 어미 싹(본 덩굴)은 따버리고 곁싹(새끼덩굴)만 남긴다. 이것을 적심이라고 하는데, 새끼덩굴이 커지면 힘 있는 것 두 개만 남기고 다른 싹은 모두 잘라 준다.

6. 핫캡 벗기기

비닐모자는 단번에 없애 버리지 말고, 수박 덩굴이 자연스럽게 핫캡 꼭대기 구멍까지 자라면 핫캡을 벗겨 준다. 저녁에 벗겨 주면 이튿날 아침에는 덩굴 끝이 저절로 위로 솟아 있다.

7. 웃거름

덩굴이 무성해지기 전에 비료를 추가해 준다. 열매가 열리기 전에는 질소 성분이 적은 계분 같은 것을 뿌리 가까이에 뿌려 준다.

웃거름을 주는 요령은 다음과 같다.

수박은 수꽃의 꽃가루가 암꽃에 수분되어야 열매를 맺는다. 생육 초기에 질소비료를 너무 많이 주면, 그루의 힘만 세져서 꽃이 떨어져 버린다. 또 수분이 너무 많아도 그루의 세력이 강해진다. 이 시기에는 그루 세력을 약하게 해줘야 하며, 암꽃이 필 즈음에는 생육을 억제해 줄 필요가 있다. 그래서 암꽃이 피기까지는 질소 성분이 적은 비료를 웃거름으로 주어서 그루터기를 단단하게 하고, 열매가 달리기 시작하면 질소 성분이 많은 유박 같은 비료를 웃거름으로 주어 힘을 돋우어야 많은 열매를 수확할 수 있다.

1차 웃거름

2차 웃거름

8. 정지

수박은 몇 개를 수확할 것인가에 따라 정지하는 수가 달라지는데, 일찍 수확하려면, 어미덩굴과 새끼덩굴을 1~3개 남기고 나머지 싹은 잘라 버린다. 열매를 많이 얻으려면, 어미덩굴 4~5개를 남기고 거기서 새끼덩굴이 자라게 해서 열매를 맺게 한다.

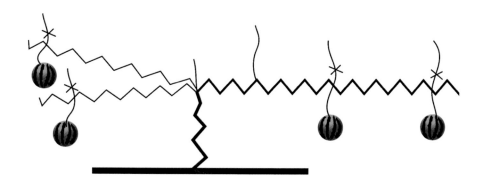

9. 인공수분

이른 아침에 수꽃의 수술을 면봉에 묻혀서 암술의 끝에 비벼 주면 열매가 잘 열린다. 이것을 인공수분이라고 한다.

수박꽃은 아침 5시쯤 피어서 오전 10시까지는 수분한다. 벌이나 나비 같은 곤충이 있으면 자연스럽게 수분이 되지만, 수박꽃 필 무렵에는 비가 자주 와서 곤충 활동이 적어 수분 가능성도 낮아진다. 그래서 인공수분으로 열매 맺기를 도와준다. 비가 올 듯한 날에 꽃이 필 듯하거든 수꽃, 암꽃에 비닐 주머니를 씌워 놓았다가 비 오는 날에도 인공수분이 가능하도록 한다.

10. 첫 열매 수확

맨 처음 생긴 열매는 껍질이 두껍고 모양이 이상한 것이 많으므로, 야구공 크기쯤 되면 따서 김치를 담그듯 절여서 먹고, 다음에 열리는 열매를 키우도록 한다.

11. 본 수확

수확할 때는 덩굴을 잘라서 거둔다. 수확 후 2~3일 후 당도가 더욱 높아진다.

수박이 커갈 때는 수분이 필요하므로 물을 넉넉히 준다. 착과 후 20일쯤까지는 열매가 계속 커지므로, 물이 마르지 않게 한다. 착과 25일쯤 되면 물을 줄여서 열매의 당도를 높여 준다. 그러나 갑자기 물을 줄이면 속이 비어 버릴 수 있으므로 주의한다.

꽃이 핀 후 30~35일이 되면 수확이 가능하다. 열매가 열린 곳의 수염 같은 덩굴이 마르거나 노랗게 될 때, 열매를 툭툭 튀겨 보아서 가벼운 소리가 나면 수확할 적기이다. 수확이 늦어져서 여름 햇빛을 많이 쪼이면, 수박 속이 발효되어 부패해지므로 조심한다.

수박씨는 먹을 때 방해가 되는데, 수박을 자를 때 겉껍질의 검은 줄무늬 부분을 기준으로 칼집을 넣으면 옆으로 씨가 줄지어 있어서 제거하기가 쉽다.

수박 병충해 방제

줄기가 갈라지는 병

줄기가 쪼개져서 엿물 같은 것이 나오는 병이다. 연작했을 때 잘 생기는 병이므로 연작을 삼간다. 예방법으로는 장마 들기 전에 방제약을 뿌리 줄기에 뿌려 준다. 이 병이 생겼다면, 줄기가 쪼개진 곳에 약재를 발라 준다.

쉬파리, 오이파리

묘의 씨에 알을 까놓았다가 쉬파리가 부화되어 수박의 뿌리를 갉아 먹어서 묘를 죽게 한다. 예방법으로는 핫캡을 씌워 병충해를 막는다. 이들의 성충은 이파리를 먹기 때문에, 보이는 대로 잡는다.

참외 Oriental melon

Cucumis melo var. makuwa Makino

❶ 원산지_인도

❷ 분류_과채류

❸ 생태_1년초

❹ 전초외양_덩굴형

❺ 전초높이_약 2m

❻ 영양분_비타민 C, 갈륨 등

원산지는 인도지역이며 전파된 지역에 따라 동양계 참외와 서양계 멜론으로 분리되어 발달되었다. 우리나라에는 삼국시대에 만주를 거쳐 들어온 것으로 여겨진다.

박과에 속하는 1년생 덩굴식물로, 줄기에 털이 있고 덩굴손으로 감고 뻗는다. 잎은 각 마디에 어긋나게 나고 둥근 심장형이다. 여름에 노란 꽃이 자웅으로 피며, 장과는 타원형인데 녹, 황, 백색으로 익는다. 동양계 참외는 외피가 백색 내지 황색이고, 과육이 백색인 것이 대부분이다. 맛이 달아 널리 식용된다.

참외는 과일로 먹기도 하지만, 수확 후 2~3일간 소금물에 절여서 장아찌를 만들어 먹는데, 3개월간 숙성시킨 후 먹는다. 된장이나 고추장 속에 박아서 장아찌를 만들어 먹기도 한다.

성분과 특성

동양계 참외는 외피가 백색 또는 황색이고 매끈하며, 과육은 대부분 희고 육질은 연하고 맛이 달다. 참외의 가식부분 100g당 열량 32kcal, 수분 89.8%, 단백질 0.9g, 거질 0.3g, 당질 7.3g, 섬유 0.9g, 회분 0.8g, 칼슘 14mg, 인 12mg, 철 0.3mg, 비타민 A가 100 I.U., 비타민 B1 0.05mg, 비타민 B2 0.05mg, 나이아신 0.6mg, 비타민 C 10~200mg을 함유하고 있다.

품종으로는 신대형 은천참외, 성환참외 등이 주종이며, 우리나라에서 주로 재배해 온 품종은 은천 계통이 가장 많다.

주성분은 당질이며 회분, 카로틴도 비교적 많은 편이다. 회분 성분은 칼륨이 많은 점이 특징이다. 수분이 많고 이뇨작용이 있으며 비타민이 골고루 들어 있으나 비교적 적은 편이다.

재배법

1. 묘 준비

줄기가 굵고 밑잎이 누렇지 않으며, 마디 사이가 짧고 뿌리가 흰색으로 노화되지 않은 것이 좋은 묘이다. 파종 후 45일 정도 된 묘가 좋으며, 잎이 3~4장 되었을 때 정식하면 된다.

2. 밑거름

정식할 자리, 10a당 잘 썩은 퇴비 두 통과 석회 150kg, 용성 인비 100kg, 영화칼리 25kg, 요소 33kg을 뿌린다.

3. 이랑 만들기

두둑 폭은 20m 내외, 이랑은 50㎝ 정도로 만든다. 충분히 물을 준다.

4. 묘 심기

이랑을 만든 다음날, 두둑에 묘를 심는다. 묘와 묘의 간격은 60㎝ 정도를 유지한다. 육묘 포트의 흙이 약간 묻힐 만큼 흙을 덮어 준 다음 물을 준다.

5. 적심

원래 줄기는 3~4째 마디에서 적심해 줘서 아들줄기가 3~4개 나올 수 있게 한다. 아들 줄기가 10마디 정도 자라면 다시 적심을 해준다.

6. 꽃과 열매

적심한 마디의 아래에서 손자줄기 한두 개가 나오게 되는데, 손자줄기 마디에 꽃이 피고 참외가 열리게 된다.

7. 수확

착과 후 25~30일이 지나면 어린 참외를 수확한다. 참외 표면이 흰색으로 변할 때가 수확의 적기이다.

딸기 | Strawberry

Fragaria spp

❶ 원산지_남아메리카

❷ 분류_과채류

❸ 생태_다년초

❹ 전초외양_덩굴형

❺ 전초높이_1~1.5m

❻ 영양분_비타민 C, 유기산 등

장미과의 다년생 채소로, 우리나라 전 국토에서 널리 재배된다. 과실의 모양은 공 모양, 달걀 모양 또는 타원형이며, 대개는 붉은색이지만 드물게 흰색 품종도 있다. 재배종은 원예적으로 육성된 것으로, 유럽이나 미국에서 몇 종의 야생종과 교배시킨 것이라고 한다. 현재의 딸기가 재배되기 시작한 것은 17세기경부터이다.

생육에 적당한 온도는 23℃이나 월동 기간 중에는 낮은 온도에도 강하여 기온이 -5℃ 정도가 되어도 잎자루나 뿌리는 피해를 받지 않고, 한랭한 지방에서도 충분히 생장한다. 같은 그루에서 매년 수확할 수도 있으나, 점차 열매가 작아진다.

일반적으로 일년 내내 공급되지만 딸기의 제철은 5~6월이며, 하우스 딸기는 10월 상순부터 출하한다.

성분과 특성

과일 중에서 비타민 C가 으뜸이며, 유기산이 0.6~15% 함유되어 있다. 딸기 3~4개(약 70g 정도)면 성인 하루 비타민 필요량을 만족시킨다. 주성분은 수분으로 92.2%이며, 당분은 3~7%밖에 없다. 신맛을 내는 유기산이 수분에 영양을 준다. 딸기는 갈아서 주스를 만들어도 비타민 C는 80~83% 정도 남아 있다. 딸기의 영양가를 손실 없이 섭취하기 위해서는 설탕이 아닌 꿀, 우유, 유산음료, 요구르트 등을 곁들여 먹는 것이 좋다. 청정재배가 아닌 것은 표면을 잘 씻어야 기생충과 농약의 피해를 줄일 수 있다.

일단 물에 넣으면 곰팡이가 빠르게 번식해서 상하기 쉽다. 30초 이상 물에 담그면 과피가 상하므로, 씻을 때는 꼭지를 따지 말고 소금물로 짧은 시간에 헹궈낸다.

중국 명나라의 이시진(李時珍)이 지은 본초학의 연구서 『본초강목』에 의하면 맛이 달고 신장의 정을 보익하고 여성의 수태 기능을 돕고 머리를 검게 하며 눈을 맑게 한다고 기록되어 있으며, 비타민 C가 잇몸의 출혈을 예방한다고 한다.

재배법

1. 복토覆土

묘를 심기 3~4주 전에 1m²당 퇴비 2kg, 고토석회 150g, 용린 100g을 골고루 섞어서 갈아둔다.

2. 밑거름

묘를 심기 2~3주 전에 화학비료를 1m²당 600g쯤 뿌려서 잘 갈아 엎어둔다.

3. 묘 준비

10월경에 포트에 심겨진 묘를 산다. 직접 묘를 기른 경우에는 뿌리 가까이에 있는 줄기를 그림과 같이 잘라 준다.

본줄기 쪽
2cm 남김

열매가 달리는 곁줄기 쪽
포기 가까이 자름

4. 묘심기

10월은 딸기 열매가 달릴 꽃순을 준비할 시기이므로 이때 심는다. 흙에 충분히 물을 준 후 묘를 흙에 꽂아 묻는다. 이때 열매가 달릴 쪽을 알 수 있다. 싹의 중심은 열매가 열릴 부분이므로 완전히 땅 위에 드러내도록 한다. 그래야 열매를 따기 쉽다. 햇빛이 잘 들어야 열매가 잘 열리므로, 남향이 되도록 심는다. 묘와 묘 사이는 15㎝쯤 유지한다.

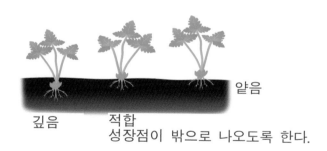

얕음

깊음   적합
성장점이 밖으로 나오도록 한다.

5. 잎 제거하기

묘를 심을 때 묘에 붙어 있던 잎은 시들고 새 잎이 크게 펼쳐진다. 아래 잎에는 진드기 같은 병균이 붙기 쉬우니, 일찍 없애 버린다.

6. 웃거름

딸기는 생육 기간이 길어서 비료를 추가해
주어야 한다. 12월과 2월에 농도가 얇은 액
비와 유박비료를 한 줌씩 그루터기에 뿌려
준다.

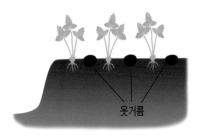

웃거름

●비료 주는 방법

딸기는 농도 짙은 비료를 절대 주면 안 된다. 딸기 뿌리가 약해서 화학비료
등을 한꺼번에 많이 주면 뿌리가 상해 버려서 그루터기나 잎이 제대로 자
라지 않는다. 이것을 방지하기 위해 우선 퇴비 등을 충분히 주어 땅을 비옥
하게 만들어두어야 한다. 그리고 심기 전, 적어도 2~3주 전까지는 화학비료
를 주어 뿌리에 흡수가 잘 되게 해놓는다. 그 후에 묘를 심도록 한다.
키우는 중에 웃거름을 줄 때도 조금씩 주도록 한다.

7. 월동준비

딸기꽃은 추위에 약하고, 너무 일찍 핀 꽃은
눈을 맞으면 수분이 안 돼 시들어 떨어져 버
린다. 눈이 많은 지방에서는 발이나 비닐 터
널로 보호해 준다.

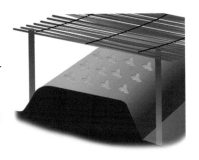

8. 꽃

봄이 되면 하얀 꽃이 핀다. 한 그루에 3~4개의
꽃이 달리는데, 수술이 긴 꽃이 좋은 꽃이다.

9. 짚 또는 비닐 깔기

꽃이 피면 그루 밑 둘레에 비닐이나 짚을 깔아 준다. 열매가 더러워지는 것을 방지해 준다.

10. 수확

꽃이 핀 후 30~40일쯤 지나면 수확할 수 있다. 잘 익은 열매부터 아침에 수확한다.

딸기 재배 성공 포인트

비료 중독에 주의한다

딸기 뿌리는 비료에 녹아 버릴 만큼 약하므로, 묘를 심기 2주 전까지 미리 비료를 뿌려 주어야 한다. 흙 속에 비료가 흡수된 다음에 심어야 하고, 웃거름도 조금씩 주어야 한다.

뻗는 덩굴뿌리는 다음해에 심는다

올해 수확이 끝나면 뿌리달린 덩굴이 뻗어서, 곳곳에 새끼묘가 생겨 뿌리를 내린다. 이 새끼묘를 덩굴째 잘라서 다음해 어미그루로 심으면 된다.

시금치 Spinach

Spinacia oleracea L.

❶ 원산지_서남아시아

❷ 분류_엽채류

❸ 생태_1~2년초

❹ 전초외양_직립형

❺ 전초높이_0.5m

❻ 영양분_비타민 A, C, 갈륨, 칼슘 등

명아주과의 한해살이 또는 두해살이로 뿌리는 담홍색, 줄기는 비었고, 여름에 녹색의 잔 꽃이 핀다. 잎은 어긋나고 세모진 달걀꼴을 하고 있다.

중국을 통해서 우리나라에 전파되었다. 1577년(선조 10)에 편찬된 『훈몽자회』에서 시금치가 등장하는 것으로 보아, 조선 초기부터 재배된 것으로 여겨진다.

시금치는 한냉성 작물로 월동성은 강하나 더위에는 약하다. 자라기에 좋은 시기는 3~5월이나 9~12월이지만, 3~5월에 가장 많이 생산된다. 겨울철 시금치는 12월 상순, 봄 시금치는 4월 상순, 여름철 시금치는 6월 하순, 가을철 시금치는 10월 상순에 생산 출하된다.

100g당 수분 9.4%, 단백질 3.4%, 지질 0.2%, 탄수화물 4.4%, 칼륨 740mg, 인 60mg, 칼슘 55mg, 비타민 A, C 등을 다량 함유하고 있다. 비타민, 철, 칼슘 등이 많은 식품으로 소화가 잘 되며 어린이와 환자에게 좋다. 녹색채소의 왕으로 불린다. 재배 과정에서 일광을 많이 받고 자랄수록 비타민 C를 많이 함유한다. 수확 후 시간이 지날수록 비타민 C는 줄어든다.

시금치에는 사포닌과 질 좋은 섬유가 함유되어 있어 변비에 효과를 내며, 철분과 엽산도 들어 있어 빈혈 예방에 유용하다.

재배법

1. 복토覆土

씨뿌리기 2주 전에 1㎡당 고토석회 150g, 용린 100g을 뿌리고 흙을 잘 갈아둔다.

2. 밑거름

씨뿌리기 1주 전에 1㎡당 퇴비가루 1kg, 화학비료 100g을 뿌려서 흙과 함께 잘 섞어둔다.

3. 이랑 만들기

폭 80~90㎝의 이랑을 만들어 평평하게 고른 뒤, 15~20㎝ 간격으로 3~4줄로 얕은 고랑을 만든다. 여기에 씨를 뿌리고 물을 고랑에 골고루 뿌려 준다.

4. 씨 준비

시금치는 발아하는 데 시일이 걸린다. 빨리 싹트게 하려면 씨를 물로 잘 씻은 다음 2~3일 동안 젖은 헝겊으로 싸서 마르지 않게 하면서 따뜻하게 해 주어야 한다.

5. 씨뿌리기

불린 씨앗이 마르기 전에 얕은 이랑 속에 1㎝ 간격으로 씨를 뿌리고, 엷게 흙을 덮은 다음 물을 준다.

6. 싹 솎아주기

처음에 나온 가늘고 긴 이파리는 새끼이파리이고, 이어서 나오는 둥근 이파리가 어미이파리이다.

이파리가 1~2장이 되면 중복되는 묘만 뽑아 준다. 그래서 묘와 묘 사이가 15㎝ 정도를 유지하게 한다. 뽑은 묘는 버리지 말고 식용한다.

7. 묘 솎아주기

이파리가 4~5장이 되면 그루 사이가 10㎝쯤 되도록 솎아 준다. 솎을 때는 남은 묘의 그루를 누르면서 뽑는다.

묘가 서로 닿지 않는 간격이 되도록 솎아 주고, 서둘러 솎아 줄수록 햇빛도 잘 받고 통풍도 좋아져서 병충해에 강해진다.

8. 수확

채소 높이가 15~20㎝가 되면 수확할 수 있다. 씨를 뿌린 뒤 수확하기까지는 기온의 영향을 받지만 봄에 씨를 뿌린 것은 40~50일, 가을에 뿌린 것은 80~120일이 된다. 시금치는 뿌리가 단단하므로, 한 줌에 잡아 뽑지 말고 칼로 그루터기를 잘라서 수확한다.

시금치 용기재배

시금치는 초보자도 쉽게 베란다에서 재배할 수 있는 채소이다. 잘 솎아주는 것이 성공 포인트이다. 너무 더울 때는 간단하게 재배 용기를 다른 장소로 옮겨줄 수 있는 이점도 있다.

1. 흙 준비 및 밑거름

깊이 10cm 이상 되는 용기에 시판하고 있는 배양토, 부엽토, 질석을 6대 3대 1로 섞는다. 이 흙 10ℓ에 화학비료 15g, 고토석회 10g을 섞어서 밑거름으로 준다.

2. 씨앗 심기

씨는 손으로 집어서 심을 수 있을 만큼 크다. 봄에는 3월 중순~4월 중순, 가을에는 9월 하순~11월에 심는다.
흙에 물을 넉넉히 준 다음, 씨와 씨 사이는 2~3cm 정도 거리를 두고 심는다. 시금치 씨는 직접 흙에 심으면 싹틀 때까지 시일이 많이 걸리기 때문에. 씨를 2~3일 정도 물에 담가두었다가 심어야 쉽게 싹이 튼다.

3. 흙 덮기

흙 누르는 판자 등으로 가볍게 눌러준 다음 물을 부드럽게 뿌려준다. 흙을 눌러 주면 씨가 흙에 밀착되어, 물을 주어도 흐르지 않는다.

4. 싹

씨 뿌린 후 1주일 정도 지나면 싹이 튼다. 발아에 알맞은 기온은 15~20℃이며, 처음 돋는 가느다란 이파리를 새끼잎이라고 한다.
며칠 지나면 둥근 이파리가 나오는데, 이것을 어미잎이라고 한다.

5. 솎아주기

그루가 엉킨 곳에서 몇 그루를 솎
아 준다. 시금치 뿌리는 단단한
편이다. 솎은 잎은 식용한다.
솎아주기를 게을리 하면 병에 걸
리기 쉽다. 어미잎이 4~5장 되기
까지는 자주 솎아 준다.

6. 수확

키우는 동안 흙이 마르면 물을 듬뿍 준다. 너무 강한 햇빛에는 줄기가 힘들
어하므로, 될수록 시원한 곳에서 키운다.
채소 높이가 20㎝ 정도 되면 수확한다. 한 포기씩 잡고 뽑거나, 그루를 칼로
잘라 수확한다.

❶ 원산지_열대아시아

❷ 분류_근채류

❸ 생태_다년초

❹ 전초외양_직립형

❺ 전초높이_0.3~0.6m

❻ 영양분_비타민 A, C, 미네랄 등

인도, 말레이시아 등 열대아시아가 원산지이고, 잎은 어긋나며 피침형이다. 보통은 꽃이 피지 않지만 따뜻한 곳에서는 황녹색의 잔 꽃이 핀다. 뿌리줄기는 향신료, 건위제로 사용된다.

우리나라는 충청남도, 전라북도 지방에서 총 생산량의 95%를 차지한다. 특히 전라북도의 봉동은 유명한 생산지로 봉상생강으로 유명하다. 충청남도의 서산, 당진과 전라북도의 완주, 익산, 옥구와 경상남도 산청이 주요 생산지이다.

동양요리에는 꼭 필요한 향신료이다. 그늘진 곳에서 잘 자라고 줄기 생강, 이파리 생강, 뿌리 생강 등 여러 상태로 이용할 수 있다. 오래 길러 먹을 수도 있고, 가꾸기도 쉬운 채소이다.

성분과 특성

생강은 무기질 함량이 매우 높고 생강 뿌리에는 향미 성분, 신미 성분, 수지, 단백질, 섬유소, 펜토산, 전분 및 무기질이 함유되어 있다. 전분이 전체 고형분의 40~60%를 차지하고, 나머지는 건조 여부에 따라 차이가 난다.

생채로 김치, 젓갈, 찌개류, 과자류 등의 부식과 향신료로 사용된다. 또 설탕에 재여 건조시킨 후 편강으로도 만들어 먹는다. 약용, 카레분, 소스, 생강차, 술, 향료, 조미료 등과 빵, 쿠키, 피클, 고기 요리, 음료수 등 다양하게 이용된다.

생강은 위장을 튼튼하게 하고 땀을 내는 데 좋은 재료이다. 또한 후박의 독을 없애고, 대추와 함께 쓰면 비위의 원기를 늘리고 속을 덥게 하며 습을 제거하고, 작약과 함께 쓰면 경맥을 뜨겁게 하고 추운 것을 없애 준다.

재배법

1. 복토覆土

생강은 산성토에서는 잘 안 자라므로. 밭에 고토석회를 1㎡당 150g을 뿌려서 잘 갈아둔다.

2. 고랑 만들기

폭 15㎝, 깊이 4~5㎝의 고랑을 판 후 물을 넉넉히 준다. 생강을 이 고랑에 심는데, 고랑과 고랑 간격은 50㎝ 정도로 한다.

3. 씨생강

채소가게에서 조그만 생강을 사다가 5월경 따뜻한 때 심는다. 씨생강의 씨눈이 위를 향하게 해서 고랑 속에 10㎝ 간격으로 하나씩 심는다.

● 씨생강 고르기

씨생강을 고를 때는 상하거나 벌레에 먹힌 자국이 없는 것을 고른다. 싹이 트기 시작한 것은 무방하다. 한 개의 씨생강에서 3~4개의 싹눈이 나오면 되므로, 큰 생강일 때는 씨눈의 수효를 보면서 손으로 몇 개씩 쪼개어 한 개당 60~70g 정도로 해서 심는다. 싹눈은 위를 향하게 한다.

4. 싹

심은 후 3~4주정도 지나면 발아한다. 이렇게 발아하기에 시일이 오래 걸리므로, 흙의 표면이 마르면 물을 자주 주어야 한다.

5. 첫 번째 웃거름

발아해서 줄기가 10~15㎝가 되면 비료를 추가한다. 뿌리에서 10㎝쯤 떨어진 곳에 얕은 고랑을 파서 길이 1m당 화학비료 한 줌을 묻어 준다.

웃거름을 준 뒤 흙을 덮어 주면서, 뿌리에도 3~4㎝ 흙을 북돋아 준다.

6. 두 번째 웃거름

2주일 후에는 이랑의 반대쪽에서 첫 번째처럼 웃거름을 넣고 뿌리 근처에 흙을 3~4㎝ 북돋아 준다.

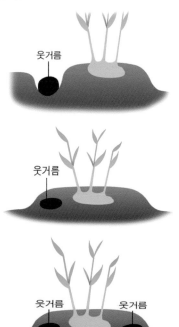

●생강은 옆으로 자란다

생강은 씨생강 위에 돋아서 옆으로 살쪄 간다. 그러므로 씨생강 위에 흙이 7~8cm쯤 늘 덮여 있지 않으면, 새로 나오는 생강이 자랄 공간이 없어진다. 그렇다고 처음부터 이렇게 흙을 씌워 놓으면 오히려 싹트기가 늦어진다. 그래서 처음에는 엷게 흙을 씌워주고, 생육 중에는 서서히 흙을 돋워 주어야 한다.

7. 줄기생강 수확

7~8월이 되면 줄기를 따는데, 이것을 붓대 생강이라고 한다. 뿌리 부근의 흙을 한 손으로 누르면서 줄기를 한 그루씩 뽑는다.

8. 잎생강 및 뿌리생강 수확

10월~11월에 줄기나 잎이 노랗게 되면 뿌리째 뽑는다. 잎은 잎생강으로, 뿌리는 뿌리생강으로 먹는다. 뿌리는 종자 생강으로 이용한다.

생강 재배 성공 포인트

고온 다습한 환경에서 키운다

생강은 고온다습한 곳을 좋아한다. 그늘에서도 재배할 수 있으나, 최소한 1
5℃쯤의 온도는 필요하다. 그러므로 지면 온도가 넉넉히 오른 다음 심고, 흙
이 마르지 않게 물을 주어야 한다. 비닐덮개를 씌우거나 짚을 깔아 주면, 지
온이 내려가지 않고 또 습기가 보존되므로 잘 자란다.

화학비료에 주의한다

생강은 화학비료와 접촉하면 썩어 버리므로, 비료를 줄 때는 뿌리에서 충분
히 떨어진 곳에 주어야 한다.

생강의 한방요법

생강에는 소화액의 분비를 자극하고 위장의 운동을 촉진하는 성분이 있어,
식욕을 좋게 하고 소화흡수를 돕는다.

몸이 춥고 코가 막히고 두통이 나며 열이 있을 때 생강차를 마시면, 땀을
내고 가래를 삭이는 작용이 있다. 『동의보감』에서는 생강이 담을 없애고 기
를 내리며 구토를 그치게 하고 풍한과 종기를 제거함과 동시에 천식을 다
스린다고 하였다.

또한 생강의 방향신미 성분은 혈액순환과 체온을 증가시키는 것으로 알려
져 있어, 오래 전부터 한방에서는 생강을 발한 해열약, 혈행장애, 감기풍한
등에 이용하여 왔다. 민간요법에서는 감기와 기침에는 생강즙 반홉에 꿀을
한 숟갈 넣고 데워서 매일 5회 정도 복용하면 매우 좋다고 알려져 있다.

생강은 식중독을 일으키는 균에 대해 살균, 항균 작용도 있다. 생강의 맵싸
한 향기 성분은 여러 가지 정유 성분인데, 이 정유들이 매운 성분과 어울려
생강은 이처럼 갖가지 효과가 있지만 지나치게 먹으면 도리어 해롭다. 또한
치질이나 피부병이 생겼을 때도 좋지 않다.

생강 **169**

감자 Potato

Solanum tuberosum L.

❶ 원산지_안데스산맥(고지)

❷ 분류_근채류

❸ 생태_다년초

❹ 전초외양_직립형

❺ 전초높이_0.6~1m

❻ 영양분_비타민 C, 녹말 등

감자는 마령서(馬鈴薯)·하지감자·북감저(北甘藷)라고도 한다. 페루·칠레 등의 안데스산맥이 원산으로 세계 각지의 온대지방에서 널리 재배한다. 땅속에 있는 줄기마디로부터 가는 줄기가 나와 그 끝이 비대해져 덩이줄기를 형성한다.

감자는 녹말이 많고 쌀보다 칼로리가 낮아서 건강식품으로 애용된다. 재배하기 쉬운 품종은 '남작'이며, 맛이 좋은 품종은 '헬시'로 인기가 좋다. 잘 키우면 종자 감자의 20배를 수확할 수 있다.

덩이줄기에는 오목하게 패인 눈 자국이 나 있고, 그 자국에서 작고 어린 싹이 돋아난다. 감자 재배에 적합한 온도는 초기에는 24℃이나 그 후에는 18℃가 적당하다. 식용하는 뿌리줄기의 형성에는 20℃가 적당하며, 30℃가 되면 생장이 정지되고 만다. 그래서 고랭지재배에 알맞은 작물이다. 국내에서는 강원도와 경상북도 산간지대에서 많이 재배되고 있다.

감자는 비타민이 많아서 '밭의 사과'라고도 한다. 그리고 가열을 해도 비타민 손실이 거의 없다. 40분 정도 쪄도 비타민 C가 4분의 3이 남는다. 성인이 하루 200g 정도를 먹으면 비타민 C의 필요량을 섭취할 수 있다. 감자는 주성분이 녹말인 알칼리성 식품이며, 필수아미노산을 골고루 함유하고 있다. 유독 성분으로는 알칼로이드 배당체에 속하는 솔라닌이 있는데 주로 감자의 새싹눈, 녹색변의 부위에 있다. 식용할 때는 이 부분을 제거해야 식중독을 예방할 수 있다.

갈변 현상은 감자에 0.05% 존재하는 티로힌 세포의 파괴로 티로시나아제의 작용을 받아 화학반응을 일으켜 갈색 또는 흑갈색의 멜라닌을 생성하게 된다. 이때 감자의 표피를 제거한 후 물에 담그면 갈변 현상을 방지할 수 있다.

재배법

1. 복토覆土

흙을 갈아서 물이 빠지기 쉽게 해둔다. 60cm 간격으로 깊이 20cm의 구멍을 판다.

2. 밑거름

씨감자와 씨감자 사이에 퇴비를 한 줌씩 넣고, 화학비료는 세 그루에 한 줌 정도씩 넣어 준다.

감자

밑거름

3. 이랑 만들기

10㎝ 높이로 흙을 씌워 주는데, 이때 북쪽을 향해 비스듬히 높여 주면 씨감자에 햇빛이 잘 비춰져서 자라는 데 도움이 된다.

4. 씨감자 준비

종묘 가게에서 좋은 씨감자를 구입해서 반으로 쪼갠다. 이때 양쪽 싹눈의 수가 비슷하게 자른다.

5. 씨감자 심기

심을 구멍에 자른 쪽을 아래로 향하게 해서 30㎝ 간격으로 놓는다. 밭 전체의 구멍에 씨감자를 넣고 나서 한꺼번에 돌아가며 흙을 얹는다.

6. 첫 번째 웃거름

발아하기 전, 이랑 위에 1m 간격마다 유안비료를 한 줌씩 준다.

7. 싹틔우기

심어서 약 10일이 지나면 싹이 튼다. 그루의 뿌리에 흙을 다져 준다.

● 웃거름을 준 뒤에 흙을 북돋아 준다

감자는 비료를 잘 흡수하므로, 웃거름을 주고 난 뒤에는 흙 북돋아 주기가 매우 중요하다. 싹트기 전후가 웃거름을 주는 적기이다.

그리고 잡초를 뽑아 주고 두 번 흙을 북돋아 주어서, 씨감자보다 약 15㎝ 더 높게 이랑을 만들어 준다.

● 웃거름 후, 북돋기 높이 비교

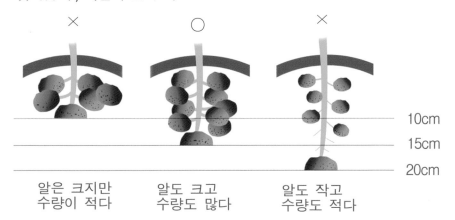

	10cm
	15cm
	20cm

알은 크지만
수량이 적다

알도 크고
수량도 많다

알도 작고
수량도 적다

8. 두 번째 웃거름

꽃봉오리가 보이면 두 번째 웃거름을 준다. 그루에서 10㎝쯤 떨어진 곳에 화학비료를 한 줌 뿌려 준다. 꽃이 필 무렵에 주는 거름이라 '꽃거름을 준다'고도 한다.

9. 꽃

꽃이 필 무렵이면 지하의 감자도 커져 간다.

10. 수확

꽃이 피고 2~3주가 지나면 새 감자를 수확할 수 있다. 뿌리를 파보고 판단한 다. 잎이 마를 때까지 놓아 두면 단단한 감자를 얻을 수 있으며, 감자는 개 인 날 줄기째 캐도록 한다.

감자는 물에 약해서 껍질이 젖으면 썩기 쉬우므로, 갠 날 수확해서 볕에 말 려 저장해야 한다.

감자 재배 성공 포인트

줄기나 잎을 크게 만든다

감자는 땅 속에서 뻗는 줄기의 끝이 커진 것이다. 질소비료가 모자라면 줄 기나 잎이 잘 자라지 않아서 감자도 작게 자란다. 퇴비뿐 아니라 비료도 많 이 주어야 풍성한 수확을 할 수 있다.

일찍 심는다

감자는 처음부터 큰 싹이 힘있게 뻗어 주지 않으면 많이 수확하기가 어렵 다. 그래서 심는 시기가 문제가 되는데, 감자는 휴면이라고 해서 2~3개월 동안 싹이 안 트는 시기가 있다. 싹이 트기 전에 심으면 빨리 잠에서 깬 싹 이 하나 둘만 뻗어서 큰싹이 돋는다.

늦어져서 심으면 씨감자 하나에서 여러 개의 싹이 터서 큰 감자가 생기기 힘들다. 그래서 보통 3월에 심는 것이 좋지만, 밭이 비어 있거든 전년의 12 월에서 당년 2월에 심으면 좋다.

감자 용기재배

땅속 줄기를 먹는 감자는 가능하면 깊이 30cm 이상의 대형 용기에서 재배해야 한다. 베란다 같은 데 두고 키워도 상당량을 수확할 수 있으며 종자로는 '남작', '메쿠인' 등이 잘 자란다.

1. 씨감자
질 좋은 씨감자를 봄에 심는다.
감자를 두 쪽으로 자르되 양쪽의 싹눈이 비슷하게 자른다.

2. 씨감자 심기
깊이 30cm 이상의 용기에 배수가 잘 되는 흙을 넣고서 깊이 7~8cm의 구멍을 판 후, 씨감자의 자른 쪽이 아래로 향하게 심는다.

3. 발아
싹이 트면 뿌리그루에 흙을 약간 모아 준다. 따뜻한 곳에서 키우며, 흙의 표면이 마르지 않도록 물을 넉넉히 준다.

4. 싹 솎아주기

싹이 8~10㎝쯤 되면 잘 자란 것이며, 1~2포기만 남기고 나머지는 뽑아 버린다.

5. 꽃

꽃이 필 즈음이면 감자도 자라 있다. 꽃이 지고 2~3주일 후에 아래쪽 잎이 노랗게 되면 수확한다.

6. 줄기째 수확

개인 날 감자가 상하지 않게 조심하면서 그루까지 파내어 햇볕에서 말린다. 젖은 채 보관하면 썩기 쉽기 때문이다. 감자를 용기에 정성들여 키우면 꽤 많은 감자를 수확할 수 있다.

고구마 Sweet potato

Ipomoea batatas (L.) Lam

❶ 원산지_남아메리카

❷ 분류_근채류

❸ 생태_1년초

❹ 전초외양_덩굴형

❺ 전초길이_약 3m

❻ 영양분_비타민 C, 식이섬유, 칼륨 등

고구마의 어원은 일본 쓰시마섬의 '코코이모'에서 유래하였다고 한다. 줄기는 길게 뻗고, 덩이뿌리는 녹말이 많아 식용한다. 공업용으로도 사용된다. 길이는 약 3m이다. 줄기는 길게 땅바닥을 따라 뻗으면서 뿌리를 내린다. 한국 전역에서 널리 재배한다. 양지를 좋아하고 메마른 땅에서도 잘 자란다. 국내 주요 산지는 경상남도, 전라남도, 제주도이며 보통 5~6월에 줄기로 파종하여 가을에 수확한다.

호박고구마, 밤고구마 등 그 품종이 다양하다.

주성분은 전분으로, 에너지 효율은 맥분의 3분의 1 수준이다. 비타민 C, 식이섬유, 칼륨이 많은 알칼리성 건강식품이다.

고구마의 수분 함량은 60~70%이고, 저장시 습도의 연 감량은 10% 이내이며, 고령분의 대부분을 차지하는 탄수화물이 30%로 많다. 그 중에서도 녹말(아밀라제) 15%, 마밀로펙틴이 약 20%로 가장 많고 이 밖에 설탕, 포도당, 과당의 함량이 많아서 단맛을 낸다. 고구마에 있는 베타아밀라제의 활성으로 고구마의 저장 중에 녹말이 당화되어 단맛이 증가한다.

단백질은 감자보다 적고 미량의 망간, 구리, 코발트를 함유하고 있으며, 특히 비타민 C는 조리 과정에서도 70~80%가 그대로 남는 장점이 있다.

고구마 보관시 9℃ 이하에서는 냉해를 입기 쉽고 18℃ 이상에서는 싹이 발아되므로, 12~15℃를 유지 보관해야 한다. 너무 건조하면 고구마의 중량이 줄고 너무 습하면 썩기 쉬우므로 저장 습도는 85~90%가 좋다.

고구마는 단맛이 있어서 간식이나 주식으로도 먹는다. 60℃까지 서서히 가열하면 고구마에 함유되어 있는 아밀라제에 의해 당화가 진행되어 단맛이 증가하고, 포도당 물엿의 제조에 쓰인다. 또 에탄올의 제조 원료로도 쓰인다.

맛이 가장 좋은 것은 저장하여 수분이 적어진 1~3월의 것이며, 조리 시에도 영양 성분은 거의 변하지 않는다.

1. 고랑 파기

밭을 잘 갈고서 폭 15㎝, 깊이 10~15㎝
의 고랑을 판다.

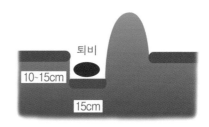

2. 밑거름

고랑 밑에 퇴비, 짚, 풀, 낙엽 등을 넣는다.
퇴비는 덜 썩은 것이라도 상관없다. 그리
고 칼리비료(황산칼리), 인산비료(과인산석회)
를 전체적으로 뿌려 준다.

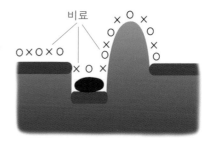

3. 이랑 만들기

파낸 흙을 다시 덮고 높이 20~30㎝, 폭 70
㎝의 이랑을 만든다.

4. 묘 준비

4~6월에 종묘상에서 줄기에 잎이 붙은 묘
를 사온다. 마디와 마디 사이가 짧고 잎이
5매 이상인 것이 좋은 묘이다.

5. 묘 심기

비가 오기 전후에 심는 것이 가장 좋으며, 그때 심지 못할 경우에는 저녁 즈음에 묘를 비스듬히 찌르듯이 심는다. 이파리 4~5장의 묘라면 자른 자리가 깊이 5cm쯤 되도록 비스듬히 뉘여서, 묘에 붙은 이파리가 흙에서 약간 보일 정도로 심는다.

● 심는 시기

심는 시기는 4~6월이 적기지만, 늦어도 6월 중순까지는 심어야 한다. 고구마는 5월이나 7월에 심어도 되지만 심는 시기에 따라 맛이 각각 다르다. 5월에 심는 편이 훨씬 맛있고, 7월에 심으면 물고구마가 된다.

6. 물주기

묘의 자른 곳까지 물이 닿도록 묘 있는 곳에만 넉넉히 물을 준다.

7. 뿌리 돋기

4~5일이 지나면 뿌리가 생기기 시작하고, 줄기도 서서히 뻗기 시작한다.

8. 제초

줄기가 무성하기 전에 잡초가 먼저 자라기 시작하므로, 일찍 잡초를 뽑아 준다.

비닐을 바닥에 깔아 주면, 잡초가 생기지 않고 지온이 올라가 효과적이다.

9. 웃거름

자라는 상태를 봐서 웃거름을 주는데, 너무 많이 주면 줄기만 무성해져서 고구마 알맹이가 잘 생기지 않으므로 모자라듯이 줘야 한다.

● 웃거름 주는 요령

잎이 노랗게 되거나 줄기가 가늘고 줄기의 뻗기가 좋지 않으면 질소비료를 주어야 하는데, 너무 빨리 주어서도 안 된다. 뿌리 근처를 파 보아서 고구마가 열기 시작해서 손가락만하게 굵어졌는데도 줄기가 가늘게 보이거든, 유안 같은 질소비료를 조금만 준다. 이때 잎에 비료가 묻으면 상하므로, 묻지 않게 조심한다.

이파리 색도 좋고 잘 자란 한 군데를 파보아서 뿌리가 아직 고구마 모양이 안 됐으면, 칼리비료를 보태 주어야 한다. 그대로 놔두면 줄기만 무성해지기 때문이다. 이때 재가 있으면 가장 좋은데, 없으면 황산칼리 같은 칼리비료를 주면 된다. 재라면 될수록 많이 주어도 좋고, 황산칼리라면 한 줌 정도를 2m 길이의 이랑 곁쪽에 뿌려 준다.

10. 수확

10~11월이 수확의 적기이다. 줄기가 굵어지면 고구마도 커져 있다. 잎이 군데군데 자주색이 되었으면 맛있는 고구마가 열린 것이다.

먼저 줄기와 잎을 제거한다. 그러고 나서 고구마가 상하지 않도록 뿌리에서 약간 떨어진 곳을 호미나 괭이로 파서 캔다.

이랑을 높게 한다

흙 속으로 공기가 잘 통하면 고구마가 잘 자라고 뿌리 또한 굵다.

질소비료는 약간만

질소 성분이 많으면 줄기만 무성해져서 뿌리가 부실해진다. 그래서 질소 성분이 적은 땅이나 모래 흙 같은 건조한 토지에서는 질소비료를 모자란 듯 줘야 뿌리가 굵어진다.

이랑 형태에 따라 고구마 모양도 달라진다

이랑을 어떻게 만드는가에 따라 고구마를 길게도 둥글게도 키울 수 있다. 퇴비까지의 거리가 멀면 고구마 길이도 길어지고, 거리가 가까우면 짧고 둥글게 열린다.

고구마 용기재배

고구마는 땅 속 깊은 데서 자라므로, 깊이 30㎝ 이상의 용기를 준비해야 한다. 고구마 같은 감자류는 보통은 씨감자나 순으로 키운다. 고구마를 씨로 재배하는 것은 힘들지만 그 재배법을 소개한다.

1. 씨 준비
씨는 작고 또한 발아율이 나쁘기 때문에, 씨를 여유 있게 뿌려서 좋은 묘를 골라 키운다. 씨뿌리기는 5월이 적기이다.

2. 씨심기
물 잘 빠지는 흙에 충분히 물을 준 뒤 손가락으로 깊이 1~2cm, 간격 30㎝ 정도로 두 군데 판다. 한 군데에 다섯 알씩 씨를 넣는다. 씨가 작으므로 조심히 다룬다. 심은 뒤 파낸 흙으로 덮어 주고 물을 준다.

3. 싹틔우기
씨를 뿌린 뒤 일주일쯤 뒤에 싹이 튼다. 첫잎은 새끼잎, 그 다음에 나오는 잎은 어미 잎이라고 한다.

4. 솎아주기

잎이 5~6장일 때 굵은 묘는 남기고, 작은 묘는 뽑아 준다. 한 군데에 한 그루만 남긴다.

5. 키우기

고구마는 햇빛을 좋아하므로 양지바르고 따뜻한 곳에서 키운다. 수분이 많으면 맛이 없어지므로, 노천인 경우에는 물주기를 따로 하지 말고 비오는 대로 자연에 맡겨둔다.
줄기가 무성해져서 서로 엉키지 않게 잎이 바깥쪽으로 뻗어내리게 한다. 햇빛을 전체적으로 잘 받을 수 있는 장소에서 키운다.

6. 수확

10~11월 상순이 수확의 적기이다. 줄기의 근본을 살펴서 굳어졌으면 고구마도 큰 상태이다. 뿌리가 단단히 박혀서 잘 나오지 않으면, 그릇째 엎어서 수확한다.

고구마 포대 재배법

쌀이나 비료가 담겼던 단단한 비닐포대에 흙을 넣고 아래쪽에는 구멍을 뚫어서 묘를 심는다. 이때 비닐 포대의 안쪽과 바깥쪽을 뒤집어 사용하면 포대가 안정이 된다.

토란 Taro

Colocasia esculenta (L.) Schott

❶ 원산지_열대 아시아

❷ 분류_근채류, 엽채류

❸ 생태_다년초

❹ 전초외양_직립형

❺ 전초높이_0.8~1.2m

❻ 영양분_칼슘, 비타민 B, 식용섬유 등

열대 아시아 원산이며, 채소로 널리 재배하고 있다. 알줄기로 번식하며, 약간 습한 곳에서 잘 자란다. 알줄기는 타원형이며 겉은 섬유질로 덮여 있다. 토련(土蓮)이라고도 하고, 우자(芋子)로도 불린다.

국내에는 진주를 중심으로 남부지방에서 많이 재배하며 최근에 와서는 경기도 광주, 김포, 이천 근교에서도 집단 재배하고 있다. 조숙 재배품종은 5~6월 이후 수확하지만, 만생종은 9~10월에 수확하며 보통 4~5월 중순에 심어 가을에 수확한다.

토란은 햇빛이 반나절만 들어도 잘 자라는 채소인데, 처음 심어 보는 사람이나 조건이 나쁜 밭에서도 손쉽게 키울 수 있다.

성분은 수분 70%, 탄수화물 20%, 단백질 0.7%, 회분 1%, 섬유질 1%로 이루어져 있다. 토란에 가장 많은 당질은 녹말이 대부분이고, 덱스트린과 설탕 성분도 들어 있어 토란 고유의 단맛을 낸다.

뿌리에 전분이 풍부해서 동남아시아에서는 주식이 되기도 한다. 토란의 미끈거리는 성분은 갈락틴이라는 당질인데, 이 성분은 소화율은 떨어지나 뱃속의 열을 내리고 간장 신장의 노화방지에 좋다.

우리나라에서는 추석 명절 음식으로 많이 애용되고, 냉장보관할 때는 물기를 제거한 후 보관해야 빨리 상하지 않는다. 국거리로 이용한다.

토란은 껍질에 홈이 없고 모양이 둥글둥글한 것이 상품이다. 알칼리성 식품이며, 소화를 촉진시켜 변비 예방 및 완화제로 좋다. 반면 수산·석회 성분이 많아, 오래 먹으면 좋지 않다.

1. 씨토란

4월쯤 종묘상에서 씨토란을 구입하거나 채소 가게에서 흙 묻은 토란을 사는데, 눈이 상하지 않고 모양이 좋은 것으로 구입한다.

2. 싹틔우기

씨토란을 곧바로 밭에 심어도 토란을 재배할 수는 있으나, 씨토란의 싹이 상해서 트지 않는 경우가 있다. 또 심는 시기가 너무 이르면 싹이 트지 않고 벌레에 먹히거나 썩을 수도 있다. 그러므로 물빠짐이 좋은 땅에서 미리 싹을 틔워 밭에 옮겨 심으면 잘 자란다.

● 상자에서 미리 싹틔우기

상자에 모래 섞인 흙과 화학비료(버미큐라이트)를 섞어 놓고 물을 잘 뿌려둔다. 5~6cm의 구멍을 파서 씨토란의 싹눈이 위를 향하게 놓고 흙을 덮은 뒤, 물을 넉넉히 준다. 비닐에 환기구멍을 뚫어 상자를 덮고, 따뜻한 곳에 둔다. 싹이 트기까지는 한 달쯤 걸린다. 잎이 1~2장 나오면 밭에 옮겨 심을 수 있고, 5월이 적기이다.

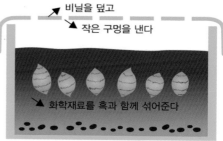

비닐을 덮고
작은 구멍을 낸다
화학재료를 흙과 함께 섞어준다

3. 복토覆土

토란은 산성에 강하지만 산성토양에서 자란 토란은 뿌리가 상하면 맵싸한 맛이 강해지므로 산성을 중화시켜 줄 필요가 있다. 밭 1㎡당 고토석회 150g, 용린 100g을 뿌려서 갈아둔다.

4. 고랑 파기

흙을 평평히 고른 후, 깊이 8㎝의 고랑을 70~80㎝ 간격으로 판다. 이것이 씨토란을 심을 고랑이 된다.

5. 씨토란 옮겨심기

싹이 튼 씨토란을 고랑 속에 30~40㎝ 간격으로 늘어놓고 흙을 덮어 준다.

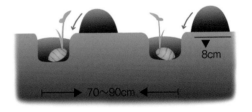

6. 밑거름

씨토란과 씨토란 사이에 퇴비 한 줌과 화학비료를 함께 넣어준다. 이때 화학비료가 씨토란에 직접 닿으면 썩으니 조심한다. 쌀겨, 어박 같은 것을 함께 넣으면 맛이 더 좋아진다.

7. 흙 북돋우기

자라감에 따라 뿌리 둘레에 흙을 북돋아 준다. 이것은 새끼토란이 자랄 만한 공간을 만들어 주고, 새끼토란에서 싹눈이 나오지 않게 하기 위해서이다. 장마가 끝나기까지 이것을 2~3회 반복해서 해준다.

새끼토란

어미토란

씨토란

흙 북돋우기를 하지 않으면
새끼토란에서 싹이 나와
알줄기가 부실해진다.

8. 웃거름

토란은 비료를 비교적 잘 흡수하므로, 웃거름으로 화학비료 한 줌을 그루와 그루 사이에 준다. 흙 북돋아 주기와 함께 웃거름은 늦지 않게 주어야 한다.

9. 물 주기

여름이 되면 물을 자주 주어야 한다. $1m^2$당 10ℓ 이상 물을 주어야 하며 아침, 저녁으로 물을 주는 것이 토란을 잘 자라게 하는 방법이다.

토란잎은 크기 때문에 여름에는 물을 많이 흡수한다. 그래서 늘 흙에 습기가 있어야 한다. 씨토란이 커갈 때는 늘 물에 젖어 있어서는 안 되지만, 물이 고랑에 조금 있을 정도면 토란이 자라는 데 별문제는 없다. 수분이 모자라면 토란에 금이 생기거나 병해충이 발생하기 쉽다.

10. 수확

토란은 서리가 내릴 때까지 두어도 잘 자라며, 늦어도 11월 말부터 12월 중순까지는 수확해야 토란 알이 썩는 것을 방지할 수 있다.

수확할 때는 먼저 낫이나 칼로 잎대를 잘라낸 후, 잎줄기의 불그스름한 대는 따로 수확한다.

흙속의 토란이 상하지 않게 그루 둘레를 판다. 흙을 털어내고 잔 뿌리를 없앤 후 땅에 떨구면 어미토란과 새끼토란이 쉽게 떨어진다.

밭구석에 고랑을 파서 어미토란과 새끼토란을 잘라내지 말고 나란히 뉘여서 10~15㎝쯤 흙으로 덮어두면, 겨울 내내 필요한 만큼씩 꺼내 먹을 수 있다.

토란 재배 성공 포인트

물과 비료를 넉넉히 준다

습기가 많은 땅에서 질소비료를 여러 번 주어 잎이나 줄기를 크게 가꾸면, 토란 역시 큰 것을 수확할 수 있다. 여름철에는 바닥에 비닐이나 짚을 깔아서 물이 마르지 않게 해준다.

맛있는 토란 가꾸기

맛있는 토란을 수확하려면 뿌리가 상하지 않게 조심해야 한다. 괭이나 삽으로 뿌리를 자르거나 땅이 건조해서 뿌리가 마르면, 맵싸한 맛이 강해진다. 비료와 쌀겨를 한 줌씩 주면 맛이 좋아진다.

마늘 Garlic

Allium sativum LINN.

❶ 원산지_서아시아

❷ 분류_근채류, 엽채류

❸ 생태_다년초

❹ 전초외양_직립형

❺ 전초높이_약 0.6m

❻ 영양분_비타민 B, 칼슘, 철분, 유황 등

마늘은 세계 10대 건강식품에 뽑힐 만큼 최고의 건강식품이다. 또한 마늘은 고추와 더불어 우리나라 주요 먹을거리에는 빠지지 않고 들어가는 필수 음식 재료이다. 한국인의 식탁에서 빠지지 않는 김치는 물론, 각종 고기 요리를 만들 때에도 마늘이 빠지면 제 맛이 안 난다.

백합과의 여러해살이풀로 밭에 재배한다. 잎은 칼꼴이며, 땅 속의 둥근 비늘줄기는 갈색 껍질로 싸인다. 비늘줄기는 독특한 냄새를 내며 향신료, 강장제, 양념으로 사용한다.

국내 주산지는 충청남도, 전라남도, 경상남북도이다. 특히 서산, 의성, 안동, 해남, 단양 마늘은 배수가 잘 되고 토양이 좋아 알이 크고 단단하고 굵기가 고르다. 씨마늘을 가을에 심으면, 봄에는 향기 짙은 마늘을 수확할 수 있다. 생육 온도는 18~20℃, 일조량이 충분한 곳에서 잘 자라며 토심이 깊고 물빠짐이 좋은 중점토나 점질양토 토양이 좋다.

성분과 특성

마늘에는 당질이 19.3%, 단백질은 2.4%, 지질 0.1%, 무기질 0.5%가 들어 있는데 당질의 대부분이 과당이다. 비타민 B1, B2도 상당히 들어 있고 무기질로는 칼슘, 철분, 유황 등이 들어 있다. 자극 성분은 아리신으로 이것이 비타민 B1과 결합하여 알티아민 0.1mg을 생성하고, 비타민 B1과 동등한 효과를 갖고 있으며 비타민 B2 0.3mg, 비타민 C 20mg의 함유량을 가지고 있다.

마늘은 봄, 가을에는 적게 먹고 여름, 겨울에는 많이 먹는 것이 좋다. 익은 것을 먹으면 보온이 되나, 날것을 먹으면 시력이 나빠질 수 있다. 또한 적혈구를 파괴시킬 수도 있으며, 공복에 먹으면 위벽을 손상시킬 수 있다.

마늘의 한방요법

1) **강정작용** 이집트의 피라미드 건설에 혹사당한 노예에게는 마늘이 식료로서 공급되어 스테미너원이 되었다고 한다.

2) **살균작용** 외용제로서 세균성의 사마귀에 바르면 효과가 있다. 세균이 발견되기 전의 사람들의 지혜였다.

3) **탈취·해독작용** 산초는 피기 전에 독이 있다. 잘못 먹으면 기절하거나, 토하거나, 마비를 느끼게 된다. 이때, 마늘을 먹거나 계피탕을 마시면 좋다고 하여 옛날부터 사용하였다.

4) **종양에 유효** 악성종양에는 마늘을 다려 가볍게 즙을 짜서 죽통에 채우고 쑥을 그 위에 얹어 불을 붙인 '마늘 구(灸)'를 사용하면 아주 큰 효과를 얻을 수 있다고 한다.

1. 씨마늘

가을에 씨마늘을 심는데, 종묘상에서
좋은 씨를 구입한다. 씨마늘을 쪼개
어 나누고 씨눈이 좋은 것으로 골라
베노밀(benomyl) 등에 소독해 둔다.

2. 복토와 밑거름

마늘은 뿌리가 곧고 길게 자라므로, 흙을 깊이 갈아야 한다. 석회를 섞어서
땅을 중성으로 맞춰 준다. 마늘은 뿌리가 많이 퍼지지 않으므로, 파종하기 2
주 전에 1㎡당 요소 60g, 용성인비 40g, 염화칼리 24g, 퇴비 3kg, 석회 200g을
미리 준다.

3. 파종

남부지방 9월 하순~10월 중순, 중부
지방 10월 중순이 심기에 적기이다.
너무 촘촘히 심으면 웃자라고 뿌리
성장이 좋지 않게 되므로 깊이 3~5
㎝, 간격은 15㎝ 정도를 유지해서

심는다. 씨눈이 위로 가도록 하고, 4~5㎝ 가량 복토한 뒤 가볍게 다져 준다.
춥고 건조한 지역에서는 볏짚이나 낙엽, 미숙 퇴비를 덮어 준다.

4. 물 주기

마늘 재배에서 물은 중요하다. 심은 후 가뭄이 오면 비닐필름 위로 물을 준
다. 뿌리가 본격적으로 자라는 5~6월에는 10일 간격으로 땅속 깊이 스며들
정도로 물을 준다.

5. 마늘쫑 뽑아주기

봄, 3~4월이 되면 마늘쫑이 올라온다. 꽃대를 그대로 두면 마늘이 공같이 자라는 것을 방해하므로, 일찍 뽑아 준다. 꽃대는 식용한다.

6. 웃거름

3~4월까지 세 차례, 요소비료와 염화칼리를 웃거름으로 준다. 가끔 보조 영양제를 준다. 비료는 6월 수확할 경우, 4월까지만 줘야 한다.

7. 수확

잎이 노랗게 변하기 시작하면 뿌리를 캐어 보아서 둥근 공처럼 될 무렵, 개인 날에 포기째 가볍게 캐낸다. 이것을 그늘에 매달아서 말린다. 대개 6월 중에 수확한다.

마늘의 병충해 방제

마늘의 질병은 잎마름병이며, 충해는 뿌리응애에 의해 뿌리가 썩게 된다. 잎마름병은 습한 조건에서 나타나므로 배수에 유의하고, 약을 살포하여 방제한다. 뿌리응애는 토양살충제를 살포해도 효과가 있지만, 종구감염을 방지하는 것이 좋다.

마늘이 좋아하는 흙

마늘은 논흙처럼 무거운 흙을 좋아한다. 화산토에는 재배하기 힘들기 때문에, 심기 전에 흙을 개량하도록 한다. 건조한 것을 싫어하므로 건조한 땅에서 재배할 경우, 자주 물을 줘야 한다.

마늘냄새 제거법

요리에 없어서는 안 될 채소이지만 냄새가 강해서 꺼려하는 사람도 있다. 마늘냄새를 없애 주는 음식은 우유, 치즈, 삶은 계란, 자스민, 생강 등이다.

들깨 Perilla

Perilla frutescens var. japonica (Hassk.) Hara

❶ 원산지_인도네시아, 중국 중남부 등

❷ 분류_엽채류, 조미류

❸ 생태_1년초

❹ 전초외양_직립형

❺ 전초높이_0.6~0.9m

❻ 영양분_비타민 C, 카로틴, 칼슘 등

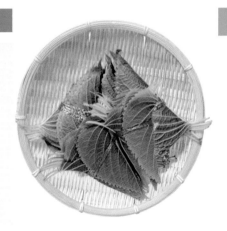

우리가 흔히 '깻잎'이라고 하는 것은 '들깨의 잎'을 가리키는 것으로, 들깨가 생육하는 동안에 잎을 수확하여 식용으로 하는 것이다. 깻잎에 들어 있는 독특한 향이 입맛을 돋우어주므로 쌈채소로 많이 이용된다. 특히 육류의 누린내와 생선의 비린내를 없애주기 때문에, 쌈으로 많이 먹는다. 종자에서 짜낸 기름은 용도가 많다.

인도의 고지(高地)와 중국 중남부 등이 원산지이며, 한국에는 통일신라시대에 참깨와 함께 들깨를 재배한 기록이 있는 것으로 보아 옛날부터 전국적으로 재배된 것으로 보인다. 씨는 들기름을 짠다.

키우기 쉬운 들깨는 여름에 흰꽃이 피고 녹색 들깨, 자주색 들깨가 있다.

성분과 특성

들깨의 일반 성분은 수분 3.9%, 단백질 16%, 지방 39.5%, 당질 20.2%, 섬유질 17.5%, 무기질 2.9%이며 칼슘과 인 성분도 비교적 많다. 기름 성분은 주로 올레인산, 리롤레인산, 소량의 팔미틴산으로 구성되어 있다.

들깻잎은 채소 중에서 가장 영양가가 뛰어나고 강한 알칼리성 식품인데, 특히 비타민 A, C가 많다. 옛날 사람들은 딸을 시집보낼 때 들깻국을 끓여서 먹여 보냈다고 하는데, 이는 들깨가 피부를 곱게 해주기 때문이라고 한다.

재배법

1. 복토覆土

밭 1㎡당 100g의 고토석회로 흙을 중화시키고 퇴비 한 줌을 넣어서 갈아 준다.

2. 씨뿌리기

5월에 밭을 갈아 흙을 고르고 물을 준 뒤, 씨를 촘촘히 뿌린다. 씨가 안 보일 정도로 흙을 엷게 덮어 준다.

3. 싹

씨를 뿌리고 10~15일 후면 싹이 튼다. 먼저 새끼잎이 나오고, 그 다음에 까칠까칠한 어미잎이 돋아난다.

4. 개체 솎아주기

어미잎이 나오면 뒤섞인 싹을 솎아 준다. 솎아낸 싹은 새싹들깨라고 해서 양념으로 먹는다.

5. 잎 솎아주기

자라면서 잎이 무성해지면 잎을 솎아 준다. 솎은 것은 식용한다. 잎을 솎아 내면서 개체의 간격도 30㎝ 정도 되도록 솎아 준다.

6. 잎 수확

싹이 자라면서 잎을 먹을 수 있지만, 열매를 기름으로 먹으려면 다 생장할 때까지 잎을 따먹는 건 삼가야 한다. 잎을 먹고자 한다면 크게 자란 잎을 아래쪽부터 따서 먹고, 여름철이 지날 무렵에 위쪽 잎을 딴다. 그러면 곁에 서 가지가 돋아서 잎이 되고, 그것을 다시 따먹을 수 있게 된다.

7. 이삭 수확

8월 하순쯤에 하얀꽃이 핀다. 꽃이 피기 시작하면 이삭들깨를 먹을 수 있다. 튀김이나 찌개 등으로 요리해 먹을 수도 있다.

8. 열매 수확

꽃이 지면 익은 열매를 수확하여 말린 후, 기름을 짜서 먹는다.

들깨 재배 성공 포인트

날씨가 따뜻해진 후에 씨를 뿌린다

들깨는 추위에 약해서 기온이 25℃ 이상에서 잘 자란다. 그러므로 씨는 4~5월 따뜻해진 후에 뿌린다.

흙을 엷게 덮어 준다

타 작물보다 수분 요구는 적으나 지나치게 습한 경우 도장하기 쉽고 결실이 불량하게 되어 품질이 떨어지므로 생육 중 배수에 유의하여야 한다. 그러나 성숙기의 토양이 적당한 수분을 유지하면 종실의 성숙을 양호하게 하여 수량을 높일 수 있다.

깊이 10㎝ 이상 되는 용기에 모래흙과 비료를 넣은 다음 씨를 뿌리고, 그 위에 헝겊을 덮는다. 헝겊이 마르지 않게 자주 물을 뿌려주다가, 발아하면 헝겊을 걷는다. 자라는 동안 흙이 마르지 않게 넉넉히 물을 주면 잎을 수확할 수 있다.

들깨씨는 햇빛을 좋아하므로, 씨를 뿌린 뒤 흙을 엷게 덮어 준다. 발아하기까지 시간이 소요되므로, 흙이 마르지 않게 하기 위해 젖은 신문 같은 것으로 덮어 주면 싹이 트기 쉽다.

파슬리 Parsley

Petroselinum crispum(Mill.) Nyman ex A. W. Hill

❶ 원산지_지중해 연안지대

❷ 분류_엽채류

❸ 생태_2년초, 다년초

❹ 전초외양_직립형

❺ 전초높이_0.2~0.5m

❻ 영양분_비타민류, 철분, 칼슘 등

미나리과의 두해살이 채소로 줄기에서 많은 가지를 내며 잎은 짙은 녹색, 꽃은 황록색이며 향기가 있고 식용한다.

2년 또는 다년생으로 씨앗은 2년째부터 맺는다. 한 번 꽃이 핀 파슬리는 3년째 또는 다음해 6~7월에 꽃이 핀다. 뿌리는 직근성이고 겉뿌리가 작다. 뿌리 윗부분 색은 황백색이나 밝은 갈색, 황색, 적갈색의 둥근 무늬를 지닌다. 호냉성 채소로서 고온이나 건조에 약하며 생육하기에 적정한 온도는 15~20℃이다. 잎자루가 있는 3가닥의 복엽으로 소엽은 당근과 비슷하고 결각이 있다.

성분과 특성

잎에는 비타민 A, B, C가 많이 포함돼 있고 영양이 뛰어나며 철분, 칼슘, 마그네슘, 미네랄 등이 풍부하게 들어 있다.

잎은 샐러드, 수프 등에 이용되며 향기가 독특해서 생선요리에 많이 쓰인다. 비타민 C가 200㎎으로 채소 중에 최고 많다. 시금치의 2배, 양배추의 4배, 토마토의 10배나 된다. 파슬리의 허브차는 류머티스 약으로도 사용된다. 잎, 줄기, 뿌리, 꽃 등을 모두 요리에 사용할 수 있는 영양 만점의 향초이다.

파슬리 용기재배

1. 씨앗 준비

파슬리 씨는 발아가 힘들기 때문에
씨앗을 잘 씻어서, 발아를 방해하는
겉의 보호막 성분을 미리 제거한다.

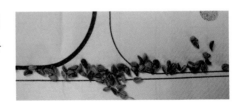

2. 씨앗 심기

씨를 흩어 뿌리되 씨 뿌리는 간격이
2~3㎝를 유지하면 좋다. 씨가 안 보일
정도로만 엷게 흙을 덮고, 넓은 판자
같은 것으로 가볍게 눌러 준다.

그 다음 물을 넉넉히 준다. 파슬리 씨는 싹 트는 데 날짜가 꽤 걸리므로 그
동안 흙이 마르지 않게 젖은 신문 등으로 덮어 두면 좋다.

3. 발아

씨를 뿌린 후 10일쯤 지나면 싹이 튼
다. 싹이 트면 덮었던 신문지를 걷는
다. 발아에 알맞은 온도는 15~20℃이
다. 처음 싹튼 이파리를 새끼잎이라고
한다.

며칠 지나면 까칠까칠한 모양의 이파
리가 돋는데, 이것이 어미잎이다.

4. 솎아주기

어미잎이 3~4개일 때 이파리의 끝이 퍼졌어도 맛이 없으므로, 아직 먹을 수는 없다. 어미잎이 4~5개가 되면 잎끝에 주름이 생긴다. 잎이 너무 무성해져서 서로 엉키면 알맞게 솎아준다.

5. 수확

어미잎이 10개 이상이 되면 수확한다. 이파리 끝에 주름이 잘생긴 바깥쪽의 것부터 수확한다. 줄기 중간에서 손으로 잘라낸다.

아래쪽 이파리를 10개 이상 남겨두면 아래 줄기가 다시 재생된다.

파슬리 재배 성공 포인트

오래 수확하려면

파슬리는 오래 수확할 수 있는 채소이지만 수확을 많이 할수록 피로해지므로 화학비료 10g쯤을 뿌리 근처에 뿌려 주면 힘이 다시 왕성해진다.

추위와 더위를 이기게

파슬리는 저녁 해가 안 비치고 통풍이 잘 되는 시원한 장소를 택한다. 따라서 여름에는 반사가 심한 남쪽보다는 동쪽이나 북쪽이 강한 햇빛이 안 들기 때문에 좋은 곳이다. 햇빛이 강하게 비치는 곳이면 모기장 천 같은 것으로 해 가리개를 씌워서 잎이 덥지 않게 해주는 것이 좋다. 겨울에는 남향의 따뜻한 곳으로 옮겨 놓는다.

당근 Carrot

Daucus carota var. sativa

❶ 원산지_아프가니스탄

❷ 분류_근채류

❸ 생태_1~2년초

❹ 전초외양_직립형

❺ 전초높이_0.5~1m

❻ 영양분_비타민류, 카로틴, 철분 등

많은 품종이 있지만, 대별해서 동양종과 서양종으로 나뉜다. 동양종은 30~80cm로 길고 진한 적황색을 띠며, 서양종은 15~20cm로 짧고 주황색을 띤다. 우리나라에서 재배되고 있는 것은 거의 서양종이다. 그리고 동양종은 향기가 강한 데 비해 서양종은 향기가 순하므로 날것으로 먹기 쉽다. 요리에는 동양종이 적합하다. 맛이 달콤하고 향기가 있다.

홍당무는 봄부터 초여름에 씨앗을 뿌려 여름부터 가을에 수확하는 한지형, 여름에 씨앗을 뿌려 늦가을부터 겨울에 수확하는 난지형이 있다. 주로 꽃대가 늦게 서는 품종을 하우스 재배로 일년 내내 재배한다.

더위와 추위에 강하고 재배하기 쉬운 근채류이다. 씨는 봄, 여름, 가을에 뿌릴 수 있고, 수확도 단시일 내에 가능하다.

성분과 특성

대표적 영양소인 카로틴은 체내에서 비타민 A로 변한다. 100g당 비타민 A가 4,100IU 함유되어 있는데, 이는 당근 3분의 1을 먹으면 성인 1일 섭취량이 보충되는 양이다. 비타민 A와 철분이 체내의 조혈을 촉진하고 혈액의 흐름을 좋게 하므로, 빈혈이나 저혈압 환자에게 좋다.

비타민 E를 제외한 모든 비타민과 칼슘, 칼륨, 식물성 섬유 등이 균형 있게 들어 있다. 식물성 섬유 중 펙틴은 설사나 위장병 환자에게 유용하다. 하지만 비타민 C를 파괴하는 효소가 있으므로, 다른 날채소와 함께 먹는 것은 좋지 않다.

당근의 효능

당근주스는 빈혈, 병후 회복, 식욕 증진, 신경쇠약 등에 좋으며 생잎이나 씨앗은 체온을 보호해 준다.

또한 카로틴이 우리 몸 안으로 들어와 변하는 비타민 A는 시력을 보호하고 야맹증을 예방, 개선한다.

재배법

1. 복토覆土

씨뿌리기 2주 전에 1㎡당 고토석회 200g, 용린 150g을 뿌려 주고 깊이 30㎝ 이상으로 뒤엎어 놓으면 많은 당근을 수확할 수 있는 밭이 된다.

2. 밑거름

씨뿌리기 1주 전에 60㎝ 간격으로 깊이 10㎝의 고랑을 파서 고랑 길이 1m에 완숙비료 1kg, 화학비료 150g을 주고 다시 덮어 준다.

3. 이랑 만들기

4~5일이 지난 후 1㎡당 화학비료 50g을 뿌리고 흙을 잘게 부숴 주면서 퇴비를 준 고랑을 중심으로 얕은 이랑을 만든다.

4. 고랑 만들기

깊이 3~5㎝의 얕은 고랑에 퇴비를 준 이랑 양 곁에 만들어 준다. 이것이 씨를 뿌리는 고랑이다.

5. 씨뿌리기

당근씨는 발아하기 힘들기 때문에, 촘촘히 씨를 뿌린다. 그런 다음 흙을 5㎜ 정도 덮어 주고 다시 한 번 물을 준 후, 부엽토를 엷게 뿌려준다.

6. 발아

씨 뿌린 뒤 7~10일이 지나면 발아한다. 여름갈이인 경우, 마르기 쉬우므로 물을 자주 준다.

7. 첫 번째 솎아주기

이파리가 3~4장이 되면 잎이 서로 엉킨 것을 솎아 준다. 잎과 잎이 서로 닿지 않게 하는 것이 솎는 요령이다. 솎은 다음 묘가 쓰러지지 않게 뿌리 부근에 흙을 북돋아 준다.

8. 첫 번째 웃거름

흙 돋우기를 한 뒤 비료를 추가한다. 이 웃거름은 이랑 사이 중앙에 길이 3m에 질소비료 한 줌씩을 뿌려 준다.

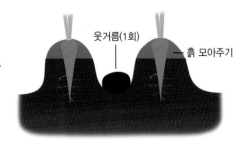

9. 두 번째 솎아주기

잎이 6~8개가 되면 다시 솎아 준다. 포기 간격이 10~12㎝쯤 되도록 솎아 내는데, 솎아낸 잎은 먹을 수 있다.

10. 흙 북돋우기

뿌리의 머리 부분이 드러나 있으면 녹색 부위가 커진다. 흙을 모아서 뿌리를 보호해 준다. 이때 새끼잎 줄기까지 흙이 닿지 않게 조심한다.

11. 두 번째 웃거름

두 번째 흙 돋우기를 한 뒤 이랑 사이의 고랑에 길이 2m에 화학비료 한 줌씩을 뿌려 준다.

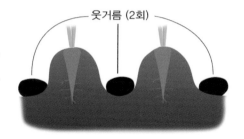

12. 수확

뿌리는 처음은 쐐기 모양이었다가 점차 아래까지 굵어져서 원통형이 된다. 뿌리의 윗부분이 커지면 수확할 때가 된 것이다.

뿌리의 윗부분을 잡아서 뽑는다. 이파리에도 영양분이 매우 많으므로, 버리지 말고 식용한다.

당근 재배 성공 포인트

한꺼번에 발아하게 한다

당근 씨는 일정하지 않아서, 엷게 흙을 덮고 물이 마르지 않게 해주는 것이 동시에 모두 싹이 트게 하는 요령이다.

씨를 촘촘히 뿌린다

당근은 싹이 트고 나서 처음에는 가늘고 연약하므로, 묘와 묘 사이가 서로 뒤엉켜 자라는 것이 비바람에 잘 견딘다. 이렇게 밀생하게 해서 싹과 싹이, 뿌리와 뿌리가 서로 경쟁하게 해야 잘 자란다. 씨를 촘촘히 뿌려 주고, 발아하고 나서도 너무 지나치게 엉킨 곳 외에는 이파리가 2~3개 될 때까지 그대로 놔둔다.

포기 간격을 좁게 한다

솎아 줄 때 갑자기 포기와 포기 사이를 넓혀 주면, 뿌리가 너무 빨리 굵어져서 당근 뿌리 옆이 쪼개지는 현상이 일어난다. 그러므로 솎을 때 포기와 포기 사이가 한꺼번에 넓혀지지 않게 조심한다.

병충해를 방제한다

호랑나비 유충이 이파리를 먹기 때문에 유충은 보이는 대로 잡는다. 비가 많이 올 때 병충해가 발생하기 쉬우므로 약재를 뿌린다.

미니당근 용기재배

미니당근은 일반 당근보다 뿌리가 짧은 당근이다. 당근의 독특한 냄새도 심하지 않고 부드러운 것이 특징이다. 더위와 추위에 재배하기도 쉽다.

잎에는 비타민, 뿌리에는 카로틴이 풍부하고 양지를 좋아하지만 더위와 추위에도 강하다. 호랑나비 유충을 조심하며 키워야 한다.

1. 준비

파종은 봄이면 3~4월, 여름이면 6월 하순~7월 상순이 적기이다.

흙 20 ℓ에 고토석회 20g, 매그펜K 큰 수저 하나 분량을 넣고 잘 섞는다.

2. 씨 심기

손가락으로 1㎝ 간격으로 구멍을 내고, 씨를 한 알씩 뿌린다. 구멍의 양쪽 흙을 손가락으로 집듯이 얇게 덮어 주고, 흙 누르는 판자로 가볍게 눌러 준다. 그 후 물뿌리개로 부드럽게 물을 뿌려 준다.

3. 싹틔우기

씨를 뿌린 뒤 7~10일이면 싹이 튼다. 처음 돋는 잎을 새끼잎이라고 한다. 발아하면 다시 물을 준다. 새끼잎 다음에 까칠까칠한 모양의 잎이 돋는다. 이것이 어미잎이다.

4. 첫 번째 솎아주기

어미잎이 1~2장일 때는 잠시 밀생 상
태로 놔둔다. 이렇게 해주면 싹이 서
로 경쟁하며 잘 자란다.

더 자라서 어미잎이 3~4개가 되면, 잎
이 무성한 곳부터 이파리끼리 서로
닿지 않을 정도로 솎아 준다.

5. 생육

생육에 알맞은 온도는 20℃ 전후가 적
당하며 너무 고온인 경우 잘 자라지 않
는다. 이 시기에는 수분을 많이 필요로
하므로, 흙이 마르면 물을 넉넉히 준다.

6. 두 번째 솎아주기

어미잎이 6~8개가 되면 엉킨 잎을 솎아 준다. 솎아낸 잎은 식용한다.

뿌리 윗부분이 노출되어 있으면 녹색이 되어 버린다. 이때 흙을 덮어서 뿌
리를 보호해 준다.

7. 수확

씨 뿌리고 난 뒤 60~70일이 되면 수확할 수 있다. 뿌리 윗부분을 보아서 굵은 것부터 수확한다. 뿌리 윗부분을 잡아 뽑으면 된다. 길이는 3~4㎝ 정도 되면 적당하다. 잎에도 영양분이 많으므로 식용한다.

미니당근 용기재배 성공 포인트

품종에 주의한다

미니당근은 품종이 여러 가지이기 때문에 각각 재배 기간이 다르다. 일반적으로 작은 것일수록 수확기간이 짧다.

발아가 잘 되려면

일반 당근처럼 발아가 잘 되면 재배는 성공한 것과 같다. 씨는 작아서 안 보일 정도로만 흙을 덮어 준다. 싹이 틀 때까지 흙이 마르지 않게 물을 준다. 물을 너무 자주 주면 겉흙이 굳어져서 오히려 발아가 늦어진다. 젖은 신문지 같은 것을 덮어 주는 것이 발아를 돕는 방법이다. 싹이 트면 신문지를 걷는다.

무 Radish

Raphanus sativus var.

❶ 원산지_중앙아시아 등

❷ 분류_근채류, 엽채류

❸ 생태_1~2년초

❹ 전초외양_직립형

❺ 전초높이_0.2~1m

❻ 영양분_잎비타민 A, C 뿌리아미노산 등

중앙아시아가 원산지이다. 줄기 높이는 60㎝~1m이며, 봄에 담자색이나 흰색 꽃이 줄기 끝에 핀다. 하얀 뿌리는 살이 많고, 잎과 뿌리는 중요한 채소이다. 원산지에 대해서는 지중해 연안이라는 설, 중앙아시아와 중국이라는 설, 중앙아시아와 인도 및 서남아시아라는 설 등이 있다. 이집트 피라미드의 비문(碑文)에 이름이 있는 것으로 보아, 그 재배 시기는 상당히 오랜 듯하다. 중국에서는 BC 400년부터 재배되었다. 한국에서도 삼국시대부터 재배되었던 듯하다. 무는 크기와 색상에 따라 여러 종류로 나눠져 있고, 각각의 품종에 따라 어느 계절에나 재배할 수 있다. 동아시아에서는 아메리카나 유럽 등지에서 재배되는 무와는 달리 상대적으로 크고 흰색 빛깔을 지닌 무를 재배하는데, 중국계의 굵고 짧은 것을 '조선무', 다소 가늘고 긴 것을 '왜무'라고 부른다. 이렇게 부르는 것은 중국을 통하여 들어온 재래종과 일본을 거쳐 들어온 일본무 계통이 주종을 이루기 때문이다.

성분과 특성

무는 대부분 수분이며, 영양분으로는 비타민 C가 20mg으로 많고, 특히 무 껍질에는 속보다 비타민 C가 2.5배나 많이 들어 있다. 저분해효소인 디스타 제를 함유하고 있어 생으로 먹으면 소화를 도와준다. 그외 산화효소, 분해효소 카탈라제 등 생리적으로 중요한 작용을 하는 효소가 매우 많다. 무의 매운맛은 유황 화합물인 이소치오치아네이트 등이며 항암 효과가 있다. 무는 뿌리와 잎을 식용하는데, 잎에는 무기질과 각종 비타민이 시금치 못지않게 많이 들어 있다. 생무를 먹었을 때 트림을 하는 것은 유기화합물 메칠메르갭턴에 의한 것이다.

무를 많이 먹으면 속병이 없다는 말이 있다. 그 이유는 무에 여러 가지 효소가 많기 때문이다. 수분 94.5%, 단백질 0.8%, 지질 0.1%, 탄수화물 4%, 칼슘, 칼륨, 인, 비타민 C등의 영양분을 함유하고 있다.

재배법

1. 복토覆土

무는 산성에 강하지만 병해충을 예방하기 위해 밭에 1㎡당 고토석회 150g을 뿌려서 잘 갈아 둔다. 무는 뿌리가 깊게 뻗으므로, 밭을 깊이 갈아서 흙을 부드럽게 해준다.

2. 밑거름

씨뿌리기 1주 전에 1㎡당 유안비료 100g, 과인산석회 100g, 황산칼리 100g을 뿌려서 흙에 잘 섞은 후 폭 90~120㎝의 이랑을 만든다.

이랑과 이랑 사이에 퇴비를 1㎡당 500g쯤 뿌린다.

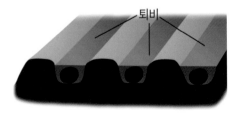

퇴비

3. 고랑 만들기

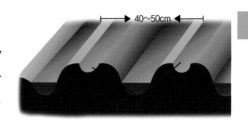

이랑에 깊이 5㎜의 고랑을 만든 후, 고랑끼리의 간격을 40~50㎝로 만든다. 씨 뿌리고 난 다음 고랑에 물을 흥건히 주고, 병해충 방제약도 뿌린다.

4. 씨뿌리기

씨를 고랑 속에 1~2㎝ 간격으로 한 알씩 뿌린다. 씨를 뿌리고 나서 흙을 2~3㎝ 정도 덮어 주고 물을 준다.

퇴비 바로 위에 씨를 뿌리면 무가 구부러지거나, 두 갈래로 뻗게 되므로 퇴비 위에 뿌리지 않는다.

5. 발아

씨 뿌린 후 4~5일 후면 발아한다. 새끼잎이 하트 모양인 것이 좋은 묘이다.

6. 솎아주기

첫 번째, 잎이 2~3장이 되면 서로 엉킨 곳을 솎아 준다. 좋은 묘의 뿌리를 누르면서 나쁜 묘를 뽑는다. 두 번째, 잎이 5~6장이 되면 한 군데에 한 포기씩 30㎝쯤 간격을 유지해서 솎아 준다. 솎은 뒤에는 묘가 쓰러질 수 있으니 뿌리 부근에 흙을 북돋아 준다.

7. 웃거름

씨 뿌린 뒤 20일쯤 후 비료를 추가해 준다. 질소비료를 이랑의 어깨 부분 양쪽에 길이 1m 간격으로 한 줌씩 뿌려 준다.

솎거나 웃거름을 준 후에는 잎의 포기 쪽 3분의 1이 감춰질 만큼 흙을 북돋아 준다.

9. 수확

뿌리의 윗부분을 두 손으로 잡고 위쪽으로 끌어당겨 뽑는다. 뿌리는 깍두기나 동치미 김치를 담아 먹고 잎은 엮어 말려서 시래기로 저장, 식용한다.

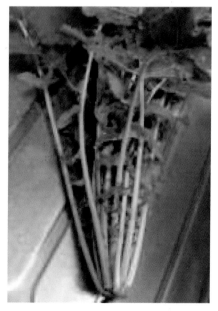

흙을 깊고 잘게 갈아 준다

흙속에 돌멩이나 큰 흙덩이가 있으면 무의 겉이 울퉁불퉁하게 되거나, 두 갈래로 갈라진다. 따라서 흙을 깊게 갈고, 잘게 부숴 준다.

고온기를 피한다

무는 더우면 병해충이 생기기 쉽다. 더욱이 가을갈이인데 너무 일찍 씨를 뿌리면 병해충이 생기기 때문에, 씨 뿌리는 것을 늦춰서 빨리 자라는 조생종을 심도록 한다.

수확 시기

너무 늦게 수확하면 무에 바람이 든다. 잎을 꺾어 보아서 속이 비었으면 뿌리도 바람이 든 것이다. 그러므로 바람이 들기 전에 수확해야 한다.

무는 땅 깊이 뿌리를 뻗으므로 깊은 용기를 준비해야 한다. 또한 무 종류도 많으므로, 뿌리가 매우 깊게 뻗지 않는 조생종을 택하는 게 좋다. 재배용기 깊이가 얕으면, 무가 아래로 뻗지 못하고 둥글게 자란다.

1. 준비

무의 씨는 작지만 발아는 잘 되는 편이다. 씨뿌리기의 적기는 봄에는 3~4월, 가을에는 8월이 적기이다.

2. 구멍 파기

가는 흙일수록 결 고운 무를 수확할 수 있다. 깊이 40cm 이상 되는 용기에 흙을 채우고, 충분히 물을 준 뒤 깊이 5mm, 간격 1cm의 구멍을 판다.

3. 씨뿌리기

1cm 간격으로 한 알씩 씨를 뿌린다. 무 뿌리는 아래로 뻗으므로, 구멍 속은 촉촉이 젖어 있어야 한다.

줄과 골의 양곁의 흙을 손가락으로 집어서 엷게 씌워 주고 물을 준다. 이때 물뿌리개의 입을 위로 가게 해서 뿌리면, 비 오듯 살짝 적실 수 있다.

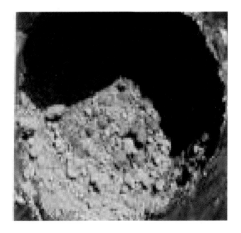

4. 싹틔우기

씨 뿌린 후 4~5일이면 싹이 튼다. 처음 나온 이파리를 새끼잎이라고 한다. 싹이 트면 다시 물을 준다. 새끼잎 다음에 까칠까칠한 잎이 나오는데, 이것을 어미잎이라고 한다.

5. 솎아주기

어미잎이 2~3장이 되면 잎이 엉킨 부분을 뽑는다. 이파리끼리 서로 닿지 않게 솎아 준다. 뽑을 때는 남기는 묘뿌리를 누르면서 솎을 묘를 뽑는다. 솎은 이파리는 식용한다.

솎은 뒤에는 남은 포기가 쓰러지지 않도록 뿌리 부근에 흙을 북돋아 준다. 줄기의 아래 부분이 땅 위에 드러나 있으면 뿌리가 자라기 힘들기 때문이다. 흙을 모아 줄 때는 무의 아래쪽 3분의 1쯤이 감춰질 정도로 넉넉히 흙을 모아 준다.

6. 생장

무가 자라는 데 알맞은 온도는 20℃ 전후이다. 자라는 동안 물을 자주 흡수하므로, 흙의 겉이 마르면 물을 넉넉히 준다.

봄 파종은 5~6월, 가을 파종은 10~12월에 수확한다. 자라면서 뿌리 부분이 땅 위로 길게 솟아 오르는 것을 볼 수 있다.

중심부의 이파리들이 옆으로 펼쳐지고 바깥쪽 잎이 아래로 처지게 되면, 수확할 때가 된 것이다.

7. 수확

뿌리의 머리 부분을 잡아서 위로 뽑는다. 너무 늦게 수확하면 무에 바람이 들므로, 때를 잘 맞춰 수확해야 한다.

양파 Onion

Allium cepa L.

❶ 원산지_서아시아, 지중해 등

❷ 분류_근채류

❸ 생태_다년초

❹ 전초외양_직립형

❺ 전초높이_0.5~0.7m

❻ 영양분_비타민류, 미네랄 등

양파의 학명 중 속명인 'Allium'의 all은 켈트어의 '태우다' 또는 '뜨겁다'는 뜻에서 나온 것이고, 'cepa'는 켈트어의 'cep' 또는 'cap'으로서 '머리'라는 뜻으로 인경(鱗莖)의 모양에서 나왔다. 영명인 'onion'은 라틴어의 'unio'로서 '단일'이라는 뜻으로 인경이 분리되지 않고 하나의 둥근 큰 구슬모양을 하고 있다는 데서 나온 것이나 한편으로는 '커다란 진주'라는 뜻도 있는데, 이것은 양파의 백색종이 흡사 진주를 연상시킨다는 데서 나왔다. 중국에서는 '후충(頭蔥)'으로 호칭되고, 우리나라에서 '양파'로 호칭된 것으로 서양에서 온 것으로, 파와 유사한 성질을 갖는 데서 유래했다.

백합과 식물로 서아시아 또는 지중해 연안이 원산지라고 추측하고 있다. 양파는 주로 비늘줄기를 식용으로 하는데, 비늘줄기에서 나는 독특한 냄새는 이황화프로필·황화알릴 등의 화합물 때문이다. 이것은 생리적으로 소화액 분비를 촉진하고, 흥분·발한·이뇨 등의 효과가 있다. 또한 비늘줄기에는 각종 비타민과 함께 칼슘·인산 등의 무기질이 들어 있어 혈액 중의 유해물질을 제거하는 작용이 있다.

비늘줄기는 샐러드나 수프, 고기요리에 많이 사용되며 각종 요리에 향신료 등으로 이용된다.

성분과 특성

양파에는 당분이 약 10% 들어 있고, 성숙함에 따라 당분이 증가해서 단맛이 생긴다. 매운맛 성분은 휘발성으로 유황함유 성분인 아릴 화합물들이며, 가열하면 자극적인 냄새와 매운맛이 없어지고 단맛이 증가한다.

항균 작용과 비타민 B1의 흡수를 돕는다. 이런 매운맛 성분을 이용하면 육류의 좋지 못한 냄새를 없애는 데 효과적이다. 따라서 어류나 육가공품, 수프, 소스 등에 이용한다. 양파를 생으로 먹고 난 뒤 냄새를 없애려면 신맛이 강한 과일이나 식초나 우유를 먹으면 된다. 또한 단맛을 내고 싶을 때는 엿처럼 될 때까지 열을 가한다. 양파는 비늘줄기가 발달되어 색깔도 다양해서 흰것, 노란것, 붉은것 등이 있다. 햇빛을 받는 시간이 길지 않아도 온도만 20~25℃ 정도로 맞으면 비늘줄기가 굵어지는 것이 조생종이며, 줄기가 굵어지지 않는 것이 만생종이다. 양파는 지방 함량이 적으며 채소로서는 단백질이 많다. 칼슘과 철분 함량이 많아 강장 효과와 발한, 이뇨, 최면, 건위, 피로회복에 좋으며 항균 작용도 한다.

1. 씨뿌리기

씨뿌리는 시기는 8월 중순~9월 상순이 적기이고 수확시기는 다음 해 4월 상순~6월 중순이다. 재배 지역에 따라 약간의 차이는 있다.

2. 이랑 만들기

120cm 두둑에 6줄로 포기 간격은 15cm가 되도록 심거나 이랑 너비를 25cm~30cm로 하고 포기 사이가 12m~15m 되도록 한줄 심기를 한다. 이때 표면이 드러나지 않게 심고 건조해를 받지 않을 정도로 얕게 심는 것이 양파재배의 포인트이다.

정식이 끝나면 물을 충분히 주어 1개월 내에 뿌리가 내리도록 해야 한다.

3. 기후와 토양

양파는 비교적 서늘한 기후를 좋아하고 추위에 강하므로 남부지방에서는 가을에 씨를 뿌리고 다음해 초여름에 수확하는 것이 좋다.

싹을 틔우는 최적온도는 18℃이고 뿌리가 성장하는 최적온도는 18℃~20℃이며 추위에 강해서 영하 8℃에서도 견뎌낸다. 사질토, 점질토에서 재배해야 생육에 좋다.

4. 거름주기

양파재배할 때 주의할 점은 양파는 건조한 토양에서 잘 자라는 작물이므로 토양에 습기가 많으면 썩기가 쉽다. 그러므로 정식할 때와 구가 커가는 시기에는 물을 조금씩 주어 땅이 축축하지 않게 되도록 조심해야 한다.

거름은 정식하기 전에 잘 썩은 퇴비 10kg, 원예용 복합비료 50g을 뿌려주고, 밭을 갈아주어 비료가 잘 섞이게 한 다음 정식해야 한다.

5. 수확

양파가 커감에 따라 잎이 쓰러지는 정도를 보고 수확기를 결정한다. 바로 먹을 경우에는 잎이 70%~80%정도 쓰러졌을 때 수확하고 저장했다. 먹을 경우에는 잎이 50~60%정도 쓰러졌을 때 수확하는 것이 좋다.

양파 용기재배법

생것으로나 익혀서나 널리 이용되는 식재료이다. 몸을 따뜻하게 해준다. 밭에서나 집에서나 손쉽게 키울 수 있다.

보통 양파 껍질은 연노란색인데, 붉은색도 있다. 반으로 가르고 물을 부으면 끈끈한 수액이 생긴다. 붉은 것은 샐러드에 이용하기도 한다. 톡 쏘는 맛은 열을 가하면 단맛으로 변한다.

1. 묘 준비

가을 묘를 심는데, 포기의 밑부분이 굵어지므로 용기는 깊고 넓은 것이 좋다. 깊이 30㎝ 이상 되는 용기에 흙 20ℓ, 고토석회 20g, 액비 한 스푼을 섞는다.

2. 묘 심기

용기 흙에 2~3㎝ 깊이의 줄을 두 줄로 긋고, 묘와 묘 간격을 8~10㎝ 두고서 묘를 심는다.

묘가 쓰러지지 않게 뿌리 부근에 흙을 모아 준다. 그런 다음 용기 밑부분에 물이 흘러나올 정도로 충분히 물을 주고, 2~3일 동안 그늘에 놔둔다.

3. 재배요령

양파는 아주 키우기 쉬운 채소여서 심고나면 물을 주는 일 밖에는 더 이상 손질 할 일이 없는 채소이다. 흙이 마르면 커지지 않으므로 흙 표면이 마르지 않게 물을 넉넉히 줘야 한다.

4. 수확

잎이 완전히 마르면 알맹이가 썩기 쉬우므로 늦지않게 수확한다. 양파 밑이 커지고 잎이 노랗게 되면서 쓰러지면 수확할 때이다.

❶ 원산지_중국 서부

❷ 분류_경채류

❸ 생태_다년초

❹ 전초외양_직립형

❺ 전초높이_약 0.7m

❻ 영양분_비타민 C, 카로틴 등

밭에 재배하고, 잎은 원기둥꼴로 속이 비었으며 여름에 흰 꽃이 핀다. 중국 서부가 원산지로, 우리나라에는 고려시대 이전에 들어온 것으로 추정된다.

동양에서는 옛날부터 중요한 채소로 재배하고 있으나, 서양에서는 거의 재배하지 않는다.

소화액 분비를 촉진하고, 식욕 증진의 효과가 있다.

한방에서는 파의 흰색 부분을 총백(蔥白)이라고 하며 약으로 쓴다. 발한, 건위, 가래를 없애는 작용을 한다. 몸을 따뜻하게 하고, 감기와 설사에 좋다.

파에는 칼슘·염분·비타민 등이 많이 들어 있고 특이한 향취가 있어서 생식하거나 요리에 널리 쓴다.

성분과 특성

파는 경채류과 채소로, 녹색인 잎 부분과 백색인 줄기 부분이 있다. 파는 지하의 짧은 줄기에서 여러 장의 원통상의 잎이 나오고, 백색의 밑 꼭지 부분은 속칭 백근이라고 한다.

보통 여름에 생장하고, 겨울에는 잎이 마르고 생장하지 않는다.

소화를 돕고 해열제로서 땀을 잘 나게 하며 뇌세포 발달, 식욕증진, 백내장 예방 등에 효능이 있다. 몸을 따뜻하게 해서 위장기능을 돕고, 지혈에도 효과가 있다.

유황이 많은 산성식품으로 자극적인 냄새와 매운맛을 가진 황화아릴을 함유하여, 소화액을 분비시켜 식욕을 증가시킨다.

재배법

1. 묘상(苗床) 만들기

파는 밭 한쪽이나 상자 같은 데 씨를 뿌리고 묘를 키워서 밭에 옮겨 심는다. 이것을 묘상이라고 하며, 1㎡당 고토석회 200g, 용린 50g을 뿌려 잘 섞는다.

2. 밑거름

5~7일 후에 화학비료 60g을 뿌리고 흙을 갈아 잘 섞어 둔다.

3. 씨뿌리기

낮은 이랑을 만들어서 물을 잘 주어 촉촉하게 한 다음, 전 면적에 깊이 1~2㎝의 골을 10~15㎝ 간격으로 만들어 씨를 뿌린다.

파 씨는 검기 때문에 석회를 이랑 전체에 엷게 뿌리고 나서 씨를 뿌리면, 씨 수량도 가늠할 수 있고 흙의 산성도 중화된다. 씨 위에 흙을 뿌려 준 뒤 퇴비를 가루로 만들어 엷게 뿌려 주면, 흙이 마르는 것도 막고 거름도 된다.

4. 싹틔우기 및 솎아주기

씨 뿌린 뒤 7~10일이면 발아한다. 싹눈 끝에 붙은 것이 씨이다. 뒤엉켜진 부분이 있으면 싹을 솎아 준다.

5. 묘 옮겨심기

가을에 씨를 뿌린 것은 5월, 봄에 씨를 뿌린 것은 6월이 적기다. 키가 20~30㎝ 정도 되면 밭에 옮겨 심는다. 묘의 크기를 구분하지 않고 심으면 작은 묘는 큰 묘에 치여 발육이 나빠지므로, 묘의 키가 같은 것끼리 모아 심어야 한다. 폭 15㎝, 깊이 20㎝의 고랑을 판다. 그리고 골 옆은 수직으로 파야 한다. 그러지 않으면 묘가 구부러진다.

6. 비료 넣기

묘를 고랑 벽에 수직이 되게 심어서 뿌리에 3~4㎝ 흙을 덮은 다음, 흙 1m당 퇴비 2㎏을 깔고 화학비료 20g을 준다.

7. 흙 넣기

고랑 속에 흙을 넣는데, 한꺼번에 넣지 말고 3~4회에 나눠서 흙덮기를 하면 잎이 하얗고 부드러워진다. 한 번에 많은 흙을 넣어 주면 고사할 수 있다.

8. 웃거름

흙넣기를 할 때마다 질소비료를 보태 준다. 이랑 길이 2m당 유안비료 한 줌을 뿌리며 흙을 덮어 준다.

9. 수확

키가 40~50cm쯤 되고 포기 아래쪽이 하얗게 되면 수확 적기이다.

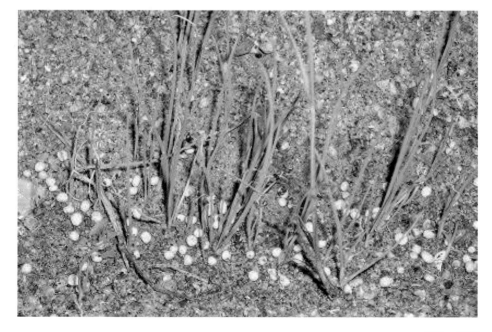

대파 용기재배법

효능과 영양이 많은 대파는 더위와 추위에 강해서 키우기 쉬운 채소이다. 초록 잎을 주로 식용하는 잎파와 흰 뿌리 부분을 주로 키우는 뿌리파가 있다. 용기재배에는 잎파가 적당하다.

1. 파종

봄, 가을 한창일 때가 적기이다. 씨앗을 구입한 후, 손가락을 이용하여 깊이는 5㎜, 간격 1㎝ 정도로 씨를 넣는다.

흙을 손가락으로 집어서 엷게 덮어 주고 물을 준다. 이슬비 오듯 약하게 물을 준다.

2. 싹틔우기

씨를 뿌리고 7~10일 후에 싹이 트면, 물을 주기 시작한다. 처음에 돋는 잎은 새끼잎이고, 다음에 돋는 잎은 어미잎이다.

3. 새싹 자르기

두 달쯤 되면 파가 곧게 솟아, 이파리가 줄 골에서 한 줄로 솟아난다. 키울 때는 강한 햇빛을 받지 않게 하고, 흙 표면이 마르면 물을 넉넉히 준다.

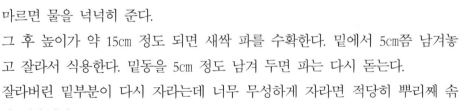

그 후 높이가 약 15㎝ 정도 되면 새싹 파를 수확한다. 밑에서 5㎝쯤 남겨놓고 잘라서 식용한다. 밑동을 5㎝ 정도 남겨 두면 파는 다시 돋는다.

잘라버린 밑부분이 다시 자라는데 너무 무성하게 자라면 적당히 뿌리째 솎아 식용한다.

4. 흙 모아주기

높게 자라면서 포기가 쓰러지지 않고 뿌리가 굳어지도록 뿌리 둘레에 흙을 북돋아 다져 준다.

5. 수확

높이가 40~50㎝ 정도 자라고 포기 아래쪽이 하얗게 되면 수확 적기이다. 힘주어 뿌리째 뽑고 몇 포기만 남겨두면, 다음 봄에 파의 둥근꽃을 볼 수 있다.

부추 Chives

Allium tuberosum Rottler ex Spreng.

❶ 원산지_동남아시아, 중국 서북부

❷ 분류_엽채류

❸ 생태_다년초

❹ 전초외양_직립형

❺ 전초높이_0.3~0.4m

❻ 영양분_비타민 A, B, C, 칼륨 등

봄에 작은 비늘 줄기에서 가늘고 긴 잎이 모여 난다. 비뇨의 약제로도 사용한다. 원산지는 동남아시아와 중국의 서북부이며, 중국에서는 가장 오랫동안 재배해 온 채소로서 파의 일종이다.

우리나라 각처에서 재배하는 다년생 초본이다. 생육환경은 물빠짐이 좋고 토양이 비옥한 양지 혹은 반그늘에서 자란다. 냄새가 강하고 키는 30~40cm이다. 잎은 뿌리에서 나오고 녹색으로 선처럼 가늘고 길며 길이는 약 30cm, 폭은 3~4mm이다. 꽃은 흰색으로 꽃줄기 상층부에 촘촘히 모여 핀다. 열매는 10월경에 맺고 세 갈래로 벌어져 그 안에 검은색 종자가 있다.

부추는 너무 세면 맛이 없고 질기기 때문에, 세지 않은 것이 좋다. 아직 흙을 뚫고 나오기 전의 어린것을 고급으로 치는데, 맛과 향이 가장 좋아 구황(韭黃)이라고 한다.

부추는 장을 튼튼하게 하는 효과가 있어 설사, 이질과 혈변 등에도 효과가 있다고 한다. 구토할 때 부추 즙을 만들어 생강즙을 조금 타서 마시면 잘 멎는다.

부추의 자극성분은 파와 마찬가지로 알릴황화합물에 의한 복합적인 강한 냄새를 가지고 있는데, 삶으면 냄새가 약해진다.

가식부 100g당 수분 93.1%, 단백질 2.1%, 탄수화물 3.7%, 지질 0.1%, 칼륨 450 mg, 비타민 C 25mg 등으로 구성되어 있다. 특유의 향취를 갖고 있으며 비타민 함량이 많고 조미료 채소로서 다른 식품과 함께 많이 사용되고 있다.

다른 파 종류와 달리 단백질, 지방, 당질, 회분, 비타민 A 함량이 높고 소화 기능을 돕는다. 엽록소가 풍부하고 콜레스테롤의 흡수를 막으며 동맥경화 예방에도 아주 효과적이다.

부추에 함유된 황화아릴은 살균 작용이 있고, 위나 장의 점막을 자극하여 소화 효소 분비를 촉진시킨다. 비타민 B1과 결합해서 체내 흡수를 돕는다.

김치, 만두속, 전, 나물 등에 많이 사용된다. 봄, 여름철에 부추는 고기요리와 잘 어울리므로 젖국 등과 무쳐 먹으면 별미이다. 부추 냄새는 유황 화합물이 주체인데, 마늘과 비슷해서 강장 효과가 있다. 부추는 너무 억세면 맛이 없고 질겨지므로, 억세지 않을 때 수확해서 먹어야 한다.

재배법

1. 묘상 만들기

시판하는 배양토 7~8 ℓ와 부엽토 2~3 ℓ를 잘 섞어서 흙을 만든다. 용린 20g, 고토석회 15g을 잘 섞어 상자나 그릇에 깔아서 묘상을 만든다.

2. 씨뿌리기

흙을 가볍고 평평하게 만들고, 물을 흠뻑 준다. 씨는 검정색이라서 잘 안 보인다. 그러므로 석회를 뿌려서 하얗게 해 둔다. 6~7㎝ 간격으로 얕은 줄 고랑을 만든다. 씨를 골 속에 1㎝ 간격으로 한 알씩 꽂아 주고, 붓대 같은 잣대 끝으로 튀겨 주듯 흙을 얕게 덮어 준다. 그 위에 부엽토 가루를 흙이 안 보일 정도로 덮는다.

3. 발아

씨를 뿌리고 7~10일 뒤면 싹이 튼
다. 생장 중에 흙이 마를 수 있으므
로 때때로 물을 뿌려 준다.

4. 솎아주기

발아 후 1~2주일 지나면 잎이 돋아
난다. 그 중에서 너무 무성한 곳을
알맞게 뽑아 준다. 묘 사이 간격은
3~5cm쯤 되게 한다. 솎아 준 후 부
엽토를 잘게 해서 뿌리듯이 0.5~1cm
정도의 두께로 위에 얹어 준다.

5. 밭 준비

7월이 되어 묘가 커지면 밭에 옮겨 심는다. 밭 1㎡당 퇴비 3kg, 화학비료
100g을 뿌려서 갈아엎은 후 폭 90~100cm 정도의 평평한 이랑을 만든다.

6. 묘 심기

이랑에 25cm 간격으로 네 줄의 고랑
을 파서 그곳에 15cm 간격으로 묘
6~7개를 한 포기씩 얕게 심는다.

7. 웃거름

심고 나서 2~3주 후 뿌리가 붙으면 묘의 바깥 통로에 2m마다 유안비료 한 줌씩을 뿌려 준다. 그 후에도 수확할 때마다 질소 비료를 조금씩 뿌려 주면, 두고 두고 수확할 수 있다.

8. 수확

너무 짧게 남기거나 모두 잘라 버리면 다시 자라는 데 시간이 걸리므로, 5cm쯤을 남기고 잘라 준다.

또한 길어진 잎을 그대로 두면 딱딱해지므로, 잘라내어 새순이 나오도록 해준다.

순을 자르지 않고 놔두면 대가 세지면서, 꽃이 진 다음 씨를 맺는다.

한 번 심으면 5~6년을 수확하는 특징이 있다. 매우 손쉽게 키울 수 있고 더위와 추위, 그늘에 강하다. 하얀 꽃도 아름답고 영양이 풍부한 채소이다. 수확한 후에 다시 무성하게 자라므로 베란다 등에서 충분히 키울 수 있다.

1. 용기 준비
깊이 10㎝ 이상 되는 용기에 흙을 채우고, 물을 충분히 준 다음 골을 긋기 위한 잣대 같은 나무로 깊이 5㎝ 정도의 줄을 만든다.

2. 씨뿌리기
골 속에 1㎝ 간격으로 한 알씩 씨를 넣는다. 이때 씨를 흙으로 덮지 않는다.

3. 발아
씨를 뿌리고 7~10일 뒤면 싹이 튼다. 처음 나온 잎은 새끼잎이라고 하며, 싹이 트면 물을 주기 시작한다.

4. 흙을 덮고 물을 준다
흙을 손가락으로 집듯이하여 골을 덮어 주고 나서, 물뿌리개로 넉넉히 물을 준다.
얼마 지나지 않아 새끼잎과 비슷한 모양의 어미잎이 돋아난다.

5. 웃거름
씨를 뿌린 후 60일이 되면 잎이 곧게 자란다. 이렇듯 생육기간이 길기 때문에 비료를 간간이 주면서 키운다. 웃거름으로는 화학비료를 큰 수저로 2개쯤 뿌리에 안 닿게 골고루 뿌려 준다.

6. 수확

키가 15~20㎝쯤 자라면 수확한다. 뿌리에서 5㎝쯤 되는 곳을 가위로 자른다. 웃거름을 주면 다시 힘을 되찾는다. 자고 나면 다시 잎이 돋아나게 되는데, 15~20㎝쯤 되면 또 잘라서 수확하고 웃거름을 준다. 이렇게 되풀이하면 계속 수확할 수 있다.

여름이 끝날 무렵 꽃이 핀다. 꽃이 피면 포기가 약해지므로, 꽃이 피기 전에 꽃봉오리를 꺾어 준다.

부추 재배의 육묘(育苗)와 분주(分株)

부추 재배에는 묘상에 씨를 뿌려서 키워 심는 육묘법과 크게 자란 포기를 잘라서 심는 분주법이 있다. 빨리 증식시키는 데는 분주법이 좋지만 고르게 자라지 않을 수가 있다. 또 씨로 가꾸는 방법은 본격적으로 수확하기까지 2~3년이 걸린다. 각각 목적에 따라 방법을 골라서 재배한다.

부추의 분주(分株) 재배법

토마토 Tomato

Lycopersicon esculentum Mill

❶ 원산지_남아메리카

❷ 분류_과채류

❸ 생태_1년초

❹ 전초외양_직립형

❺ 전초높이_1~1.5m

❻ 영양분_비타민 A, C, 미네랄 등

토마토는 가지과의 한해살이풀이며, 남아메리카 열대 원산으로 밭에 재배한다. 높이는 1~1.5m 정도로 여름에 지름 5~10㎝의 장과(漿果)가 적황색으로 익는다. 우리나라 주요 재배지는 경기, 충남, 경남북이며, 서울과 대구 등 도시 근교에서 시설 재배를 많이 하고 있다.

방울토마토는 플라스틱 그릇에 간단히 재배할 수도 있다.

성분과 특성

토마토는 수분이 94% 정도이며, 여러 가지 비타민을 많이 함유하고 있다. 특히 비타민 C는 열에도 변화가 적은 환원형을 많이 함유하고 있어서 흔히 비타민 식품으로 불린다. 토마토의 특유한 향기는 알데히드, 케톤, 알코올류 등이 혼합된 것이다. 혈압을 내리고, 피부를 곱게 하며, 육식으로 인한 해독을 중화시켜 간장을 좋게 하며, 피로회복에도 효과가 있다.

재배법

1. 복토覆土

토마토는 산성에 강하고 석회를 좋아하므로 석회나 고토를 준다. 묘심기 2주일 전에 1㎡당 고토석회 200g, 인산 150g을 섞어서 갈아 엎어둔다.

2. 밑거름

처음에 넣는 퇴비나 화학비료를 밑거름이라고 한다. 퇴비는 다 익지 않아서 반 숙성 상태라도 될수록 많이 넣도록 한다. 퇴비가 없거든 아무 풀이나 베어서 넣어 주어도 효과가 있다. 이럴 때는 유안비료 40g을 보태준다. 토마토는 질소비료를 밑거름으로 너무 많이 주면 이파리나 줄기만 굵어져서 열매를 덜 맺기 때문에 열매 맺을 때까지는 질소비료의 사용을 삼가고, 열매가 굵어지기 시작할 때 질소비료를 주면 열매가 많이 달린다. 그러므로 밑거름을 넣을 때는 질소비료를 좀 멀리 떨어지게 뿌려주는 것이 좋다.

3. 이랑 만들기

묘 심기 1주일 전에 이랑폭(80~90㎝)에 맞추어 골을 파고 퇴비를 넣는다. 골 깊이는 20㎝ 이상이어야 한다.

4. 묘 심기

4월 하순~5월 상순의 묘를 산다. 토마토는 열매를 거두는 채소이기 때문에, 묘는 작아도 싹눈이 붙은 것을 고른다. 묘목만 크고 싹눈이 없는 것은 구입하지 않는다.

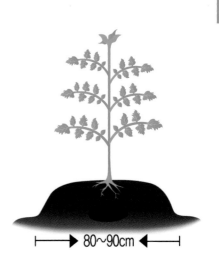

▶ 80~90cm ◀

토마토는 배수가 잘 되어야 잘 자라기 때문에, 구멍 깊이는 묘에 붙은 흙 부분만 들어갈 정도로 미리 구멍 속에 물을 넉넉히 부어둔다. 묘를 심은 다음에 다시 물을 준다. 줄기가 흔들거리면 지주를 세워서 받쳐주고, 끈으로 8자형으로 지주에 가볍게 묶어 준다. 이것은 묘뿌리가 굳을 때까지의 임시 지주이다.

5. 묘 보호하기

심어진 묘 바깥의 네 구석에 지주를 세우고 폴리에틸렌 천을 씌워서 윗부분만 터 놓는다.

토마토는 바퀴벌레가 옮기는 바이러스 병에 걸리기 쉬우므로 둘러진 사방등을 될 수록 오래 세워주고, 줄기가 곧게 자라면 떼어서 보습 보온용으로 땅에 깔아주면 좋다.

6. 곁싹 꺾어주기

토마토가 자라면서 이파리와 줄기 사이에 돋는 곁싹눈을 자주 꺾어 준다. 이 싹눈을 그대로 놔두면 쓸데없이 크게 자라서 중심 줄기가 자라지 않게 된다.

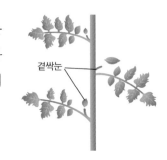

7. 지주 세우기

줄기가 자라게 되면 바람에 쉽게 쓰러지므로 지주로 받쳐 준다. 토마토가 크게 열리기 시작하면 무거워지므로 지주는 2m 이상의 단단한 것을 준비한다. 지주는 서로 교차하도록 세우고, 가로로 대나무 같은 것으로 지주끼리 묶어 주면 단단해진다.

지주를 세우고 끈으로 줄기를 지주에 8자 모양으로 묶어 준다. 토마토가 밑으로 떨어지지 않도록, 또 줄기가 꺾어지지 않도록 하는 것이 중요하다.

8. 꽃피우기

이파리가 8~10장쯤 달릴 즈음에 몇 개의 꽃봉오리가 보이게 되는데, 토마토꽃은 집단적으로 피기 때문에 이것을 화방이라고 부르고 밑에서부터 제1화방, 제2화방, 제3화방, 제4화방이라 부른다. 5~6개의 큰 꽃이 모인 화방이 좋은 화방이다.

9. 윗가지 싹 꺾어주기

밑에서 네 번째 꽃무리(제4화방)가 생기면 그 위 이파리를 2장 남기고 그 사이의 싹을 꺾어 준다. 이것을 적심(摘心)이라 하는데, 이로 인해서 영양분이 열매 쪽으로 모여져서 빨리 열매를 수확할 수가 있다.

10. 수확

꽃이 피고 50~70일이 되면 수확이 가능하다. 완숙한 것은 가위로 잘라서 수확한다. 토마토는 계속 열리므로 또 다시 웃거름을 줘야 계속 수확할 수 있다.

토마토 재배 성공 포인트

양지바르고 물 배수가 잘 되는 곳을 택한다. 토마토는 물이 고이는 곳에 심으면 뿌리가 썩는 뿌리썩이병에 걸려 죽고 만다. 배수와 통풍이 잘 되게 하고, 이랑을 높게 해서 심는다.

고기나 생선 등 지방이 많은 음식을 먹을 때 토마토를 겸하면, 위의 소화를 촉진시키고 위의 부담을 줄어주며 산성식품을 중화시키는 역할을 해준다. 토마토에는 루틴(rutin)이 함유되어 있어 혈관을 튼튼하게 하고 혈압을 내리는 역할을 해주어 고혈압 환자에게 매우 좋다.

칼륨도 많이 함유되어 있어 설탕보다는 소금을 곁들여 먹는 것이 좋다.

여름에 지나치게 더운 지방보다 비교적 서늘한 곳, 일교차가 심한 곳에서 재배하는 것이 색깔도 좋다. 밖에서 붉게 숙성시킨 다음 냉장고에 보관해야 한다.

방울토마토 용기재배

예쁜 열매가 줄줄이 열려 관상 효과도 좋은 방울토마토는 재배하기도 매우 쉽다. 일반 토마토는 용기에 키우기에 너무 큰 반면, 방울토마토는 적절하다.

재배법

1. 씨뿌리기

방울토마토는 발아온도가 높기 때문에 20~30℃가 되는 4~5월에 씨를 뿌린다. 평평해진 흙을 촉촉하게 만든 다음 손가락 으로 세 군데 구멍을 뚫는다. 깊이는 5㎜ 정 도, 구멍과 구멍 사이는 30㎝ 정도로 한다.

2. 싹틔우기

씨를 뿌린 후, 구멍을 흙으로 엷게 덮어 주고 물을 천천히 약하게 뿌려 준다. 씨를 뿌리고 3~4일이 지나면 싹이 튼다. 첫 싹이 나오면 또 물을 준다.

3. 잎 돋기

첫 싹이 나오고 얼마 지나지 않아 가장자리가 껄쭉껄쭉한 잎이 돋아난다.

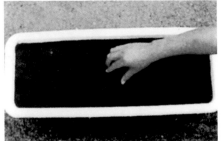

4. 묘 키우기

잎이 5~6장이 되기까지 햇빛이 잘 비치는 곳에서 키우고, 흙이 마르면 물을 넉넉히 준다.

5. 좋은 묘 선택하기

잎을 하나씩 살펴서 좋은 묘를 고른다. 싹튼 잎이 남아 있고 마디마디 간격이 짧은 것이 좋은 묘이다.

6. 묘 솎아주기

한 군데에 한 개의 굵은 묘만 남기고 나쁜 묘는 잘라낸다. 잘라낼 때 남은 묘의 뿌리를 상하지 않도록 주의한다.

7. 꽃피우기

키가 20㎝ 정도까지는 곧게 뻗어 자란다. 줄기가 굵게 뻗는 것이 좋은 묘 뿌리이다. 키가 40㎝ 정도 자라면 꽃이 피기 시작한다.

8. 지주 세우기

키가 40cm정도쯤 자라면 예쁜 꽃이 피기 시작한다. 이 정도 자라면 줄기 무게로 인해 바람에 넘어질 수 있으므로, 길이 1m 정도의 지주를 준비한다. 뿌리에 닿지 않게 조심하면서 지주를 밑바닥까지 닿도록 세워 준다.

9. 줄기 묶기

끈으로 지주와 줄기를 8자 모양으로 묶어 준다. 이때 줄기가 굵어질 것을 감안해서 약간 느슨하게 묶는다.

10. 곁가지 치기

가지 아래쪽에서 옆으로 가는 줄기가 생기게 되는데, 이것은 모두 잘라 준다. 그대로 두면 잎끼리 서로 뒤엉켜서 열매에 나쁜 영향을 준다.

11. 수확

꽃이 피고 20일쯤 되면 초록색의 열매 모양이 생긴다.

그 후 20일쯤 더 지나면 열매가 붉은 빛을 띠기 시작한다. 이때 수확할 수 있지만, 아직 덜 익어서 맛은 시다.

개화 후 50일 정도 되면 열매가 선명한 붉은색이 되며 수확할 수 있다.

밑에서부터 색이 고운 열매를 골라 수확한다. 따고 난 후에도 열매는 계속 열린다.

MEMO

MEMO